MANUEL
DE L'ARCHITECTE
ET
DE L'INGÉNIEUR.

VERSAILLES,
de l'Imprimerie de VITRY.

MANUEL
DE L'ARCHITECTE
ET
DE L'INGÉNIEUR,

OUVRAGE UTILE AUX ENTREPRENEURS, CONDUCTEURS DE TRAVAUX, MAÎTRES MAÇONS, CHARPENTIERS, CONTRE-MAÎTRES, ETC., ETC., ET EN GÉNÉRAL A TOUTES LES PERSONNES QUI S'OCCUPENT DE CONSTRUCTIONS,

PAR M. DELAITRE,

EX-PROFESSEUR A L'ÉCOLE ROYALE MILITAIRE, AUTEUR DE LA SCIENCE DE L'INGÉNIEUR,

PRÉCÉDÉ

D'UNE INTRODUCTION

PAR M. EDME PONELLE.

PARIS,

PERSAN ET C.IE, ÉDITEURS,

Rue de l'Arbre-Sec, n.° 22.

1825.

INTRODUCTION.

L'ARCHITECTURE est à la fois un art et une science : art, elle dépend du génie ; le goût et le beau sont ses lois ; ses œuvres sont entièrement de création ; aucun principe déterminé, aucune règle de calcul ne peuvent leur donner naissance : science, elle s'appuie sur des connaissances exactes et positives ; la mécanique et la géométrie la dirigent et lui servent de soutien ; elle interroge l'expérience des siècles passés, et leur demande un guide pour les chefs-d'œuvre qu'elle veut accomplir. Créée pour satisfaire à nos premiers besoins, elle dut être simple dans sa naissance, et insensiblement elle est devenue, chez tous les peuples, l'expression de leurs facultés et du génie qui les caractérise. Quoique nous ne puissions pas découvrir son origine, qui se perd dans la nuit des temps, néanmoins, en remontant à celle des sociétés, nous apercevons encore les types qui lui servirent de base. Aussitôt que les hommes s'assemblèrent et formèrent un corps de nation, à la voix puissante du besoin, ils unirent leurs forces individuelles pour bâtir des cabanes informes, premier essai d'un art aujourd'hui si brillant. Peu à peu ils donnèrent à leurs demeures des formes plus solides et plus commodes; peu à peu ils les rendirent plus uniformes et plus régulières, et les embellirent par divers ornemens. Telle est, sans doute, l'antique origine de l'architecture. Mais si l'on veut rechercher quel peuple a, le premier, d'après certaines lois fixes, fondées sur des connaissances exactes, bâti de solides monumens ; quel peuple a le premier épuré, d'après quelques idées approuvées du bon goût, les ornemens grossiers des cabanes sauvages, la question deviendra difficile à résoudre.

Quoi qu'il en soit, les Egyptiens peuvent être regardés comme les premiers qui aient fait de l'architecture une science et un art. Chez eux, on trouve des proportions géométriques qui assurent la solidité de la construction. Leurs lignes, que n'approuverait pas un goût sévère, sont au moins remarquables par leur régularité. Témoins ces fameuses pyramides qui ont triomphé du temps depuis quarante siècles, et dont la hardiesse de conception étonnante excite encore l'admiration. Mais, quoiqu'elles attestent que les arts étaient cultivés chez cette nation, quoi qu'elles témoignent de la science de ceux qui les ont construites, elles prouvent en même temps que le sentiment du beau, sentiment aussi délicat qu'il est exquis, seule véritable base des arts, leur était inconnu.

En effet, la perfection réelle de l'architecture est de cacher le travail de l'homme sous le charme de son ouvrage; elle doit toujours servir à l'utilité, plaire d'autant plus qu'elle est plus commode. Tous ses ornemens, tout ce qu'il y a de beau dans ses créations, doit ressortir du fond même de ce qui lui est nécessaire. Toute autre conception, telle hardie qu'elle soit, peut bien un instant, par l'étonnement qu'elle cause, forcer une sorte d'admiration et d'éblouissement; mais elle ne saurait long-temps plaire à l'homme civilisé qui demande à l'architecture ce qu'elle est appelée à produire, des édifices utiles à l'espèce humaine, et dont tous les matériaux révèlent, d'une manière heureuse, cette même utilité.

Telles ne sont pas, sans doute, les pyramides d'Égypte. A la vue de ces masses orgueilleuses, élevées par l'esclavage, pour satisfaire la bizarre présomption d'obscurs monarques, et qui surchargent la terre d'un vain poids, notre âme erre dans un vague indéfini, inexprimable; elle est agitée de mille sensations, admirant, il est vrai, l'immense force qui les a construites, mais sans aucun mélange de reconnaissance ou de plaisir; la pensée se reporte sur ces temps antiques, elle voit des générations entières se consumant, pendant des siècles, sur les monumens destinés à flatter l'inconcevable délire d'orgueil et les frivoles passions de superbes despotes. Nous gémissons, et après le premier tribut d'admiration arraché par ces étonnans débris d'une antiquité presque fabuleuse, revenant à des sentimens plus dignes de l'homme, nous sommes tentés de maudire la force magique et barbare qui nous les a conservés.

Combien sont différens nos transports lorsque nous contemplons les restes de ces magnifiques monumens de l'ancienne Grèce, nous admirons, et nul pénible souvenir ne vient troubler nos pensées. Tout, chez elle, porte le cachet du goût, parce que tout semble fait au profit du peuple qui les a élevés. C'est d'elle que nous viennent les trois ordres dorique, ionique et corinthien, qui ont donné naissance, chez les Romains, aux ordres toscan et composite. Les trois premiers ordres se disputent l'admiration de la postérité, qu'elles semblent défier de rien inventer de plus beau. Le dorique est simple et austère à la fois, l'ionique est rempli de majesté, et le corinthien élégant présente le type de la plus grande perfection. D'après cette base uniforme s'élèvent à Athènes, avec une variété brillante, les édifices les plus somptueux. Ici sont les palais que le peuple destine à l'habitation des magistrats qui le représentent, les amphithéâtres où lui-même se rassemble pour délibérer sur les plus grands intérêts, et les cirques où il assiste aux jeux de la scène, qui, nourrissant l'enthousiasme dans toutes les âmes, y développe le germe des vertus civiques, gloire de cette contrée divine. Là, des sages appellent la jeunesse à l'étude dans les magnifiques palais que l'on a consacrés à la science, les lycées, les académies, temples de la sagesse. Plus loin, des monumens d'un style plus austère et non moins riche, sont consacrés à la divinité. Là, des hommes vertueux se prosternent devant elle, font des vœux pour le bonheur de leur patrie, ou chantent l'hymne de la victoire. De tous côtés, les arts représentent l'image des héros chers à la nation, et l'architecture consacre leur mémoire par de durables trophées.

Nous pouvons donc dire que la Grèce, illustrée par tant de chefs-d'œuvre, peut être regardée comme le berceau de l'architecture.

Sans doute, ses artistes ont puisé quelques notions dans les essais gigantesques des Égyptiens; sans doute, ils ont trouvé, dans la Phénicie, les premiers élémens de leur art; mais eux seuls les ont mis en œuvre d'une manière digne de servir de modèle. Eux seuls, en les asservissant aux lois du goût, en ont fait un art. Leurs traditions, toujours enrichies par leur imagination si féconde et si ingénieuse, ont attaché un charme particulier à chaque invention, à chaque découverte. Tout le monde connaît le labyrinthe construit par Icare; tout le monde connaît l'origine du chapiteau corinthien; nous la rappellerons ici; elle peint trop bien ce qu'il y avait de poésie dans toutes les idées que les Grecs attachaient à leurs moindres travaux, pour qu'il nous soit permis de l'omettre.

Une jeune fille avait été enterrée dans un champ fertile de l'Attique. La piété de ses parens éleva à sa mémoire un simple mausolée: c'était une pierre de forme ronde, débris d'un fût de colonne de quelque temple voisin. Une corbeille, remplie de différens fruits, fut posée sur la colonne cinéraire, comme offrande aux dieux infernaux. Callimaque, célèbre architecte, passa devant l'humble tombe en méditant sur son art. La simplicité touchante du monument le frappa; il s'arrêta pour le contempler, et bientôt y trouva le motif d'une invention heureuse. Depuis que le vase sacré avait été placé sur l'antique débris, un nouvel ornement était venu l'embellir : une acanthe, aux feuilles larges et flexibles, avait marié sa riche végétation au travail du sculpteur; les feuilles de la plante entouraient la corbeille et ajoutaient une nouvelle grâce à ses contours. Callimaque, transporté d'un enthousiasme involontaire, dessina aussitôt le tombeau. Il en fit le plus bel ornement de ses ouvrages; et, depuis plus de trente siècles, l'urne sépulchrale d'une bergère décore les temples des dieux et les palais des rois.

Certes, chez un peuple doué d'une telle imagination, d'un goût si exquis et si épuré, et qui savait saisir toutes les beautés que lui offrait la nature, les arts devaient faire des progrès immenses, et parvenir à un très-haut degré de perfection.

Aussi la Grèce, par l'effet de l'admirable génie de ses habitans, a-t-elle vu se conserver pendant des siècles entiers, dans l'éclat le plus brillant, toutes les branches des beaux-arts. Pendant quelque temps ils ont été consacrés à leur véritable destination. C'est donc à juste titre qu'elle est appelée leur patrie.

Cette nation ayant perdu sa liberté, les arts perdirent leur lustre. Les Romains qui, après la destruction des républiques grecques, dominèrent pendant quelques siècles sur le monde connu, transportèrent au sein de leur empire les artistes et les chefs-d'œuvre grecs, cherchant à faire revivre le feu sacré des beaux-arts. Ils ajoutèrent encore aux merveilles de l'architecture, et nous leur sommes redevables, comme nous l'avons déjà dit, de deux ordres : le toscan et le composite. Les cinq ordres, pris ensemble, comprennent tout ce que l'architecture peut produire de plus grand et de plus admirable. On a cherché à inventer d'autres ordres ; jamais on n'a pu en approcher, et l'on a reconnu que les arts avaient leurs limites, au-delà desquelles on ne pouvait avancer, et que l'architecture était arrivée à son dernier apogée. Ce fut sous Auguste que l'architecture romaine fut le plus florissante. Ce prince appela à son secours les beaux-arts, pour dorer les fers dont il voulait enchaîner les Romains. Il fit venir de la Sicile et d'Agrigente, les marbres les plus précieux, afin de construire les magnifiques monumens qui auraient suffi pour immortaliser son siècle, et parmi lesquels nous citerons le temple de Jupiter tonnant. A cette époque parut le célèbre Vitruve Pallio, le seul qui, dans de savans ouvrages, nous ait transmis les principes qui avaient fait atteindre à l'art un si haut degré de perfection.

Le règne de la belle architecture ne fut pas de longue durée, et elle commença à décliner sous Tibère et sous Claude, en s'éloignant de la simplicité grecque. Sous Néron, on prodigua les ornemens; les édifices prirent le caractère des mœurs qui règnent dans toutes les cours despotiques ; la véritable grandeur fut remplacée par une pompe éblouissante. Trajan fit les plus nobles efforts pour rappeler l'architecture défaillante à sa première pureté. Ce fut sous son règne que fut élevée, dans Rome, la superbe colonne qui porte son nom, et qui a servi de modèle aux monumens réclamés par l'héroïsme et la victoire. Malgré son grand amour pour l'architecture, Alexandre Sévère ne put en empêcher la décadence.

Cet art fut entraîné dans la chute de l'empire d'Occident, pour ne se relever qu'après plusieurs siècles pendant lesquels les Visigoths et les Vandales portèrent le fer et la flamme sur les monumens du génie, et détruisirent les édifices les plus beaux de l'antiquité. L'architecture fut réduite à un tel degré de barbarie qu'on négligea la justesse des proportions, la correction du dessin, et l'élégance des formes. C'est dans les temps qui suivirent cette déplorable époque que se forma l'architecture sarrazine, improprement appelée gothique. Ce nouveau genre commença à s'introduire, en France, au milieu du douzième siècle. C'était une véritable conquête des Européens sur les infidèles, leurs implacables ennemis; car, tel éloigné du bon goût que soit ce nouveau mode de construction, au moins il présente quelques beautés, dont, depuis longtemps, les occidentaux avaient perdu le souvenir.

Aux bâtimens informes et bizarres, formés d'une suite de pièces rapportées sans but et sans régularité, aux tours d'inégales grandeurs et de formes différentes, succédèrent de vastes édifices, d'un caractère sombre, mais non sans noblesse et sans majesté. Une sorte d'uniformité reparut avec le nouveau genre ; s'il n'est pas approuvé par un goût sévère, il présente cependant un ensemble digne de fixer l'attention. Le génie prit un nouvel essor ; il osa s'associer aux bizarres lois de l'architecture gothique, et produisit parfois des œuvres dont tous les détails sans doute ne sont pas irréprochables, mais dont l'aspect est imposant et le caractère digne de siècles plus éclairés.

C'est surtout dans les monumens religieux que le genre gothique est parvenu à une grande perfection. Son style sombre et sévère, la hardiesse de ses masses, ont souvent produit des ouvrages du plus bel effet. Qui n'a ressenti les plus mélancoliques impressions en parcourant les vastes cloîtres à la construction desquels il a présidé. Leurs ogives étroites, leurs voûtes élevées, leurs longues arêtes, ont je ne sais quelle apparence austère qui porte l'âme au silence et à la méditation. Qui ne s'est vu frappé d'un respect involontaire à l'aspect des temples où cette architecture brille de tout son éclat. Il y a, dans tous ces édifices, un caractère tellement approprié à la gravité des pensées qu'ils doivent produire, qu'on regretterait quelquefois de les voir remplacer par les superbes monumens de la Grèce.

L'architecture gothique fut en usage jusqu'à Charlemagne : ce prince entreprit de rétablir le genre classique, et il ne put réussir entièrement. Ses successeurs encouragèrent ceux qui cultivèrent cette science. Mais l'architecture, perdant ses formes massives, donna dans un excès opposé en devenant trop légère. On fit consister la beauté de l'art dans une profusion d'ornemens jusqu'alors inconnus. Les architectes tombèrent dans ce défaut en voulant éviter ceux de l'architecture gothique.

Au quinzième siècle, l'architecture commença à renaître de ses ruines; la paix se rétablit en Europe et permit d'entreprendre de nombreux bâtimens. On avait transporté de la Grèce, à Pise, à Florence, à Gênes, d'anciens morceaux d'architecture et de sculpture; leur beauté frappa et on essaya de l'imiter. On interrogea les ruines, on ravit à l'antiquité ses plus précieux débris; le goût des artistes s'épura: Bruneleschi et Alberti étudièrent les premiers Vitruve, et commencèrent à dessiner et à mesurer les monumens anciens de Rome. Les applaudissemens et la célébrité qu'ils obtinrent par l'imitation des chefs-d'œuvre, excita dans les autres une généreuse émulation. Arrivèrent les Médicis qui firent revivre le siècle de Périclès et d'Auguste, et les beaux-arts se répandirent successivement, de l'Italie dans tout l'Occident, jusqu'au nord de l'Europe. Grâce au goût éclairé de ces illustres princes, l'architecture atteignit ce degré de supériorité qui fit regarder, pour la seconde fois, Rome, comme la souveraine du monde; ils tracèrent la route que parcoururent avec honneur les San-Gallo, Balthasar Peruzzi, Serlio, Pietisligorio, Vignole, Palladio; et c'est à l'éclat des vives lumières répandues par ces célèbres architectes, que nous devons enfin les Philibert Delorme, Jean Bullau, Ducerceau, Mansard et François Blondel.

Après avoir suivi l'architecture dans ses progrès, dans sa décadence et dans sa renaissance glorieuse, nous rechercherons quelles qualités sont nécessaires à celui qui veut cultiver avec honneur cet art, résultat d'une profonde combinaison de la pratique et de la théorie, et qui exige de la part de l'artiste de grandes dispositions naturelles, réunies à des connaissances très-étendues dans la plupart des sciences et des arts.

Il lui faut d'abord être instruit des mœurs et des usages des principaux peuples, et, surtout, de celui au milieu duquel il vit. Cette connaissance lui servira à ordonner chaque édifice suivant la condition et le rang de son propriétaire. La demeure d'un favori de la fortune sera différente de l'habitation du simple citoyen, et le palais des puissans monarques présentera un aspect de magnificence auquel ne pourront aspirer les somptueux édifices des grands de son empire. L'architecte pesera donc toutes les circonsvances, et, variant ses travaux, établira une distinction positive entre l'habitation rurale et l'habitation civile, la prison et le séjour du plaisir. Il imaginera des dispositions qui pourront influer d'une manière très-efficace sur le goût et les mœurs des différentes classes. En observant avec attention l'architecture des divers peuples, il fera entrer dans le plan de ses édifices des idées profitables à ceux qui doivent en jouir.

L'Architecte devra se rendre très-habile dans l'art du dessin, afin de se former un goût délicat, non-seulement pour juger du beau, dans ce qui a rapport aux figures et aux décorations, mais encore pour inventer dans ce genre. Par le dessin, il saura coordonner toutes les parties de sa composition, en leur donnant l'aspect, les caractères, et les proportions qui leur sont convenables. Il fera comprendre sa pensée à celui qui lui aura confié ses intérêts, il subdivisera son travail, donnera le mouvement à des milliers de bras, qui tous, quoiqu'agissant isolément, tendront à un même but.

A l'aide du calcul, il déterminera exactement les divisions, les proportions, la quantité et la solidité des matériaux. Par la géométrie, il parviendra à faire le nivellement des eaux et des terrasses, à planter un bâtiment, ou à se rendre compte des opérations applicables à la coupe des pierres et à celles du haut de charpente qu'il veut faire exécuter. Par la perspective, qui lui donnera le moyen de se rendre compte de l'ensemble et des détails de sa composition, il sera à même de juger d'avance de l'effet qu'elle produira après l'exécution. Par la mécanique, il saura proportionner les forces aux besoins, employer les moyens les plus simples pour mouvoir les masses, les façonner à son gré, et leur donner des dimensions régulières.

L'étude de la physique lui est indispensable : elle lui fera connaître la nature et les propriétés de la matière, et l'empêchera de tomber dans de très-graves défauts. Il évitera de construire des bâtimens malsains, peu solides et peu durables, exposés aux fureurs des orages et des vents impétueux.

Celui que nous proposons pour modèle, doit encore posséder le génie ; c'est-à-dire une âme sensible et forte, facile à recevoir des émotions qui la pénètrent, et douée d'une fierté assez grande pour résister à une imitation servile. Entraîné par le penchant que lui a inspiré la nature, il est animé d'un feu créateur, qui peut seul donner le cachet de l'immortalité à ses chefs-d'œuvre et les rendre dignes de l'admiration de la postérité. Ce génie doit être tempéré par un goût sûr et sévère à la fois. L'Architecte, sous son influence, s'écartant de la route suivie, adoucissant ou enfreignant la monotonie des règles, et à l'aide d'une transition presque insensible, rapprochant des formes opposées, présentera, par la juste disposition des parties, et par une savante et habile combinaison, l'apparence d'une création facile. Il donnera à l'édifice, ou l'élégance, ou la majesté, ou la magnificence qui lui conviennent, et ensuite, par les beautés de détail, augmentera les beautés d'un ensemble admirable.

Le célèbre Vitruve recommande encore à l'Architecte l'étude de l'histoire, de la philosophie et de la morale, pour exercer les forces de son esprit et acquérir la pénétration et le jugement qui lui sont nécessaires. L'artiste doit baser sa conduite sur l'équité et le désintéressement : de telles vertus lui concilieront l'estime et la confiance de ses concitoyens; il ne doit avoir pour but que leur intérêt, il ne doit songer qu'à sa gloire. La jurisprudence ne lui sera point étrangère, pour qu'il puisse construire selon les lois du pays qu'il habite, défendre les intérêts de ses cliens contre leurs voisins, et ainsi leur faire éviter de funestes procès.

Au sortir de nos académies, le jeune Artiste ceint de la couronne du talent, et suivi de la munificence de nos Rois, ira, dans la Grèce et l'Italie, visiter et étudier les monumens qu'elles renferment à la lueur du flambeau de l'histoire. Il exhumera de ruines insignifiantes pour le commun des hommes, le secret d'un art que ces peuples ont porté au plus haut degré de perfection. Que d'instruction ne puisera-t-il pas dans la contemplation des restes de tant d'édifices, qui attestent à la fois la grandeur et le génie de ceux qui les ont construits! Que de sujets de méditation lui offrira la terre classique de l'Italie, couverte des chefs-d'œuvre des Balthasar de Vignole, des Palladio et de leurs célèbres contemporains! Religieux observateur, il deviendra leur juge, comparera leurs productions et leurs préceptes, et cherchera les moyens qu'ils ont employés pour obtenir de si puissans effets. Après avoir vaincu son admiration, après avoir triomphé des élans de son enthousiasme, il analysera froidement les magiques beautés du plus bel ouvrage qui soit sorti de la main des hommes, de cette basilique de Saint-Pierre de Rome, suspendue dans les airs, entre les murs de laquelle Michel Ange enferma glorieusement, comme l'a dit un écrivain distingué, dix-huit années de son génie.

L'architecture est peut-être celui de tous les arts que doivent de préférence encourager les Gouvernemens. Elle annonce la puissance et la prospérité du peuple qui la cultive; elle érige des temples à la divinité, des palais aux souverains; elle élève des remparts autour des villes, pour protéger leur commerce; elle dispose des cirques et des théâtres pour leur plaisir, des aquéducs et des promenades publiques pour leur fournir de l'eau avec abondance et assainir leurs habitations, elle transmet à la postérité le souvenir des grandes actions; et les maîtres des nations peuvent seuls faire exécuter les chefs-d'œuvre qu'elle produit. Le génie des plus grands artistes devient stérile, si une main puissante et protectrice ne les seconde.

Un autre motif encore, range cet art dans une classe à part. Une foule d'artisans subalternes sont nécessaires pour concourir à ces immenses travaux. Comme le soldat, obéissant à d'habiles capitaines, les ouvriers de toutes les classes, réunis par son ordre, servent tous à assurer sa gloire; c'est lui qui les fait mouvoir; c'est à lui que se rapportent leurs succès. Mais, de même que le grand Général a besoin de zélés et courageux soldats, l'architecte ne peut rien créer, si des ouvriers, doués eux-mêmes d'un certain talent, ne comprennent et n'exécutent ses plans. Or, cette perfection dans la main-d'œuvre, cette habileté et ce goût dans les plus obscurs travaux; la protection éclairée de l'autorité, fruit de la civilisation, peut seule les faire naître.

Voyez les monumens des âges de barbarie : ils supposent plus de travail, et plus de peines physiques, que les chefs-d'œuvre de la Grèce, transportés aujourd'hui sur nos places publiques; mais on y voit l'empreinte de la servitude et de la contrainte; mais la verge de fer qui fait marcher des esclaves, ne peut leur donner le talent et le goût qu'une légitime liberté et le désir du perfectionnement font seuls obtenir.

Aujourd'hui, sous les glorieux descendans du grand Roi, sous Charles X, qui, au moment où nous traçons ces lignes, va jurer aux pieds des autels de se consacrer au bonheur de la France, les connaissances se répandent et se disséminent; il n'est plus de travail si vulgaire, qui ne demande quelques parcelles du feu divin qui embrâse les artistes. L'ouvrier qui exécute sous les yeux de l'architecte les diverses parties de nos édifices, devient créateur à son tour; il plie aux lois du dessin sa main rebelle; il étudie le bel art dont il n'est que l'instrument, et, par la fidélité de ses copies et le goût qu'il apporte dans son travail, il s'associe en quelque sorte à la gloire de l'artiste. Heureux effet de la civilisation! heureux résultat de l'accroissement des facultés humaines!

Aussi le laborieux Savant qui a composé ce *Manuel*, n'a-t-il pas écrit seulement pour l'instruction de l'Architecte, mais encore pour celle de l'Artisan. Ce dernier acquerra dans ses leçons les premiers principes de l'art que servent ses humbles travaux; il y puisera cette connaissance du beau, qui le tirera du rang des ouvriers vulgaires. Qu'il ne se décourage pas, qu'il ne voie pas dans ses occupations un mécanisme avilissant et mercenaire : le soldat, après la victoire, obtient aussi une part du succès, et une partie des palmes brillantes qui décorent le Général viennent ombrager son front; c'est sous un tel point de vue qu'il doit considérer la part qu'il prend aux grandes choses que sa main élève. Qu'il travaille donc; qu'il cherche à comprendre les conceptions élevées qui se développent sous ses yeux, et qu'il aide à réaliser.

S'il est doué de quelqu'enthousiasme, que d'exemples n'aura-t-il pas devant les yeux, propres à le frapper et lui montrer l'effet que doit produire infailliblement sur une âme d'une trempe ardente et vigoureuse une participation quelconque à de sublimes créations. En broyant les couleurs d'un simple artiste, Claude Lorrain sent un feu dévorant circuler dans tout son être; ses facultés prodigieuses se développent, elles fermentent. Contraint de céder à l'influence du génie: « Moi aussi, je suis peintre, s'écrie-t-il; » et bientôt un grand homme est révélé au monde.

E. PONELLE.

MANUEL
DE L'ARCHITECTE
ET
DE L'INGÉNIEUR.

A

Abaissement du niveau. C'est la quantité dont il faut, dans tous les nivellemens, se placer plus bas que n'indique le coup du niveau. *Voyez Nivellement.*

Abattage. s. m. Sorte de manœuvre dont se servent les tailleurs de pierre et les charpentiers, pour retourner ou soulever une pierre ou une pièce de bois.

Abattage, se dit aussi de la coupe des bois dans une forêt. Les mois de novembre, décembre, janvier, sont ordinairement choisis pour l'abattage des bois; c'est la saison où l'on cause le moins de dommage aux arbres que l'on veut conserver; on ne craint pas d'en faire tomber les boutons et de détruire l'espérance des plus beaux jets.

Les bois une fois abattus, on ne doit pas tarder à en retrancher les branches. Il convient encore d'équarrir les arbres huit à dix jours après, parce que tout ce qui peut précipiter l'évaporation de la sève est favorable à leur conservation; il est aussi très-utile d'enlever promptement l'aubier : alors rien ne retient et ne captive la transpiration de la sève; les pores sont ouverts et le bois sèche plus facilement.

Abattis. s. m. On appelle de ce nom toute la pierre que les carriers ont abattue ou arrachée d'une carrière. On applique aussi ce mot à la démolition et aux décombres d'un bâtiment.

About. s. m. Relever about les pavés d'une chaussée, c'est rétablir la forme de la chaussée et remplacer les pavés qui sont usés ou cassés. On appelle aussi *about* l'extrémité de toute sorte de pièce de charpente, coupée à l'équerre, façonnée en talus et mise en œuvre de quelque manière que ce soit.

Acanthe. s. f. Ornement d'architecture

semblable à deux plantes de ce nom, dont l'une est sauvage, l'autre cultivée. Selon Vitruve et d'autres savans, Callimaque, sculpteur grec, composa le chapiteau corinthien d'après le modèle d'une de ces plantes.

Accotement. s. m. Chemin de terre aux deux côtés d'une chaussée, qui doit toujours être en pente, depuis la chaussée jusqu'au fossé où il se termine.

Les accotemens des grandes routes, en France, ont ordinairement quatre mètres; ceux des Romains en avaient généralement autant; ils étaient quelquefois plus élevés que le milieu de la chaussée et construits de la même matière. Chez eux les accotemens faisaient une partie essentielle des chemins; en France ce n'est qu'un accessoire beaucoup trop négligé: on s'en occupe à peine. Cette négligence provient de ce qu'ordinairement les devis fixent un prix beaucoup trop bas pour les terrassemens et le ragréage; les Entrepreneurs sé ruineraient, s'ils remplissaient les conditions qui leur sont imposées relativement aux accotemens et aux fossés qui en dépendent. Il faut, pour les faire exécuter, leur passer souvent deux ou trois mètres pour un. J'ai été forcé quelquefois d'employer un pareil moyen, avec le consentement de l'Ingénieur en chef. Cela peut occasionner de graves inconvéniens, et cette partie des chemins restera toujours imparfaite, si l'on persiste à suivre le même système dans les devis.

Adhérence *ou* Adhésion. s. f. Etat de deux corps qui tiennent l'un à l'autre, soit par leur propre action, soit par la compression des corps extérieurs.

Affaissé. adj. Un bâtiment s'affaisse par son propre poids, lorsqu'il est mal construit, soit qu'il l'ait été sur un mauvais fonds, soit que les joints en mortier ou plâtre, soient trop forts; ce qui produit les fractures des voûtes. Dans les grands édifices, il convient de laisser les fondemens s'affaisser, et les mortiers prendre corps avant de les élever hors de terre.

Les chaussées des chemins faites de terres rapportées, s'affaissent beaucoup; il faut les laisser tasser avant de former les encaissemens.

Affermir. v. a. C'est rendre stable, fortifier un terrain pour établir des fondemens, soit par des pilotis, soit par des arcs renversés entre les piliers. *Voyez Fondations.*

Affourcher. v. a. Affourcher deux pièces de bois, c'est les joindre par un double assemblage, avec languette et rainure de l'une à l'autre.

Aimant. s. m. Pierre dure, que l'on trouve dans presque toutes les mines de fer: cette pierre est de différentes couleurs; il y en a de blanche, de bleue et de noire; la plus grande partie est de couleur de fer. Elle a la vertu d'attirer une autre pierre de même espèce, ou du fer, soit qu'elle touche, soit qu'elle soit à une très-petite distance. On préfère celle dont les forces attractives sont plus grandes. L'aimant communique sa force attractive au fer dès qu'on le passe sur un de ses pôles. Abandonné à lui-même et ayant la facilité de se mouvoir, il dirige un de ses pôles vers le pôle boréal du monde, et l'autre vers le pôle austral.

Air. s. m. Fluide invisible, sans odeur, sans saveur, transparent, pesant, élastique, sonore, électrique, et qui forme une espèce d'enveloppe à notre globe.

Nous ne considèrerons l'air que dans celles de ses propriétés qui peuvent avoir rapport à l'art de l'Ingénieur : telles sont la fluidité, la pesanteur et l'élasticité.

La fluidité de l'air est très-grande, parce qu'il est composé de parties extrêmement rares, sphériques, mobiles, petites et légères, qui ne s'attirent que d'une manière faible, qui, au contraire, se repoussent, et par conséquent peuvent être séparées les unes des autres fort aisément.

Comme fluide, l'air presse dans toutes sortes de directions avec la même force; sa pression latérale égale sa pression perpendiculaire; toute la masse d'air qui environne la terre s'appelle atmosphère, et l'on peut déterminer son poids, ainsi que nous allons le voir.

Ce fut Galilée qui commença à soupçonner que l'air était pesant; il tira cette connaissance de l'eau qui ne s'élevait que jusqu'à une certaine hauteur dans les pompes. Torricelli, par l'invention du baromètre, fournit les moyens de déterminer quelle était la compression de l'atmosphère sur notre globe. *Voyez Baromètre.*

Si l'on remplit de mercure un long tube de verre, ouvert d'un côté et fermé de l'autre, et qu'après l'avoir renversé on le plonge dans un petit vase aussi rempli de mercure, on voit le mercure tomber en quelque sorte hors du tube; mais il reste ordinairement suspendu à la hauteur de 29 pouces (0,785) dans nos climats; il est donc démontré, par cette expérience, que la pesanteur de notre atmosphère est en équilibre avec celle du mercure dans le tube.

On connait à peu près la grandeur de la terre, et on peut supposer que la pression de l'air est partout en équilibre avec une colonne de mercure de 29 pouces (0,785) : par conséquent tout le poids de l'atmosphère équivaudrait au poids d'un océan de mercure, qui couvrirait la surface de la terre jusqu'à la hauteur de 29 pouces (0,785); or ce poids, selon le calcul de Bernouilli, égale 6,687,360,000,000,000,000; cette pesanteur est énorme, et, cependant, on ne s'aperçoit pas que le corps soit comprimé par un tel poids. Selon les calculs faits par Mussembroëk, un homme, d'une taille ordinaire, est pressé par l'air comme par un poids de plus de 42 mille livres.

La pesanteur de l'air, comparée à celle de l'eau, est quelquefois dans le rapport de 1 à 800; ce rapport n'est pas très-constant, il varie suivant les pays et les saisons de 1 à 600, à 1,000 : si donc un pied cubique d'eau pèse 63 livres 34 grains, et que la gravité spécifique de l'air soit à celle de l'eau comme 1 est à 700 (0,034,277), un pied cubique d'air pesera 694 grains.

Le poids de l'air qui est proche de la surface de la terre étant connu, ainsi que son ressort ou son élasticité, on peut comprendre aisément tout ce qui concerne le mécanisme des pompes. *Voyez Pompes.*

Puisque l'air est fluide et pesant, il est soumis nécessairement aux lois de la gravitation et de la pression comme les autres fluides : par conséquent la pression doit être proportionnelle à sa hauteur perpendiculaire. C'est par ce moyen qu'on peut évaluer la hauteur des montagnes, si l'on porte un baromètre en un lieu élevé, où par conséquent, la colonne d'air soit plus courte. La colonne de mercure baissera d'un quart de pouce, si l'on porte le tube à 100 pieds : plus haut, son abaissement suivra la même proportion, à mesure que l'on montera.

L'air est élastique; il cède à l'impression des autres corps, en rétrécissant son volume, et se rétablit ensuite dans la même forme, a la même étendue, en écartant ou affaiblissant la cause qui l'avait resserré. Cette force élastique est une des propriétés distinctives de l'air.

L'air, exposé à l'action du feu, se raréfie: d'où il suit que l'élasticité de l'air, cette propriété en vertu de laquelle il tend à se développer en toutes sortes de sens, augmente et acquiert une plus grande intensité, lorsque le feu déploie son action contre ce fluide; au contraire, l'air exposé au froid se condense et se réduit à un moindre volume, comme s'il perdait une partie de son ressort.

La dilatation de l'air, prise depuis le terme de la glace jusqu'à la plus grande chaleur, peut être dans le rapport de 6 à 7.

Une masse d'air peut être dilatée par le feu jusqu'à contenir un espace trois à quatre mille fois plus grand.

Aire. s. f. Surface plane et horizontale. Les aires se font avec différens matériaux.

— *De plâtre.* Simple enduit de plâtre que l'on pratique ordinairement dans un atelier pour y tracer un plan, une épure.

— *De ciment.* Massif d'un pied (0,325) d'épaisseur ou environ, composé de cailloux avec mortier de chaux ou de ciment ; on le forme ordinairement sur les voûtes exposées aux injures de l'air, comme celles des ponts et des terrasses ; on le couvre de dalles de pierre ou de pavés.

— *De bassin.* Massif que l'on pratique dans toute l'étendue d'un emplacement pour le mettre de niveau : on forme ce massif de différentes matières, suivant la disposition du terrain, quelquefois en moëllons, quelquefois en ciment ou en terre grasse.

On entend aussi par *aire*, la surface d'un carré, d'un triangle, d'un cercle et de toute autre figure géométrique.

Trouver l'aire d'une figure quelconque, c'est trouver combien sa surface contient de toises, de pieds, de pouces, ou telle autre mesure donnée. *Voyez Planimétrie.*

L'aire d'un pont est le dessus du pont,

pavé ou non pavé, sur lequel on marche.

Alignement, s. m. On ne peut bâtir un mur de face, dans les rues des villes ni sur les grands chemins, sans y être autorisé par le Préfet, d'après l'avis de l'Ingénieur des ponts et chaussées chargé de donner les alignemens. On trace un alignement par le moyen de bâtons appelés jalons; il faut le concours de trois ou quatre personnes pour les porter, les changer, les reculer selon la volonté du traceur; on se place à trois ou quatre pieds au-dessus du jalon, en se baissant à sa hauteur, on mire tous les autres avec celui qui est devant soi, de manière qu'ils se couvrent tous. Lorsqu'une partie de chemin est parfaitement droite, on dit qu'elle est d'un seul alignement : on en voit peu en France.

Les Romains, qui n'épargnaient rien pour la construction des grandes routes, les rendaient courtes le plus qu'il leur était possible; ils faisaient des alignemens qui traversaient les montagnes, les marais, etc. En France, non-seulement le moindre obstacle que la nature présente fait contourner un chemin, mais plus souvent encore la crainte d'endommager ou de traverser la propriété d'un homme puissant.

Un aperçu, que j'ai envoyé au Conseil des ponts et chaussées, lorsque j'étais au service dans le département du Pas-de-Calais, prouve qu'on aurait pu épargner, dans ce département, une longueur totale d'environ 150,000 mètres en 30 lieues, en faisant suivre aux grandes routes leur direction naturelle; cette économie de terrain est considérable dans un pays fertile; et d'ailleurs, combien ne diminuerait-elle pas les frais d'entretien?

Alluvion. s. f. Accroissement que forment les inondations le long des côtes ou des rivages des rivières.

Cette addition, qu'un fleuve fait à un fonds, appartient au propriétaire de ce fonds lorsque l'accroissement s'est fait imperceptiblement, c'est-à-dire, de manière à ce qu'il soit impossible de connaître combien le fonds a reçu d'augmentation dans chacun des instans que l'alluvion a mis à se former.

Mais, si un fleuve, par son impétuosité, a emporté une partie d'un fonds et l'a jointe à l'héritage voisin, cette partie ne cesse pas d'appartenir au propriétaire du fonds dont elle a été détachée; toutefois, si elle est demeurée pendant long-tems jointe à l'héritage voisin, et que les arbres que le fleuve a entraînés y aient pris racine, alors le tout appartient au propriétaire de cet héritage.

Il y a donc différence entre l'alluvion et l'accroissement rapide fait par la violence des eaux.

Les îles qui s'élèvent dans un fleuve ou une rivière navigable, appartiennent au gouvernement; personne n'y peut prétendre sans un droit ou un titre exprès et une possession légitime : tel est le vœu de la déclaration du roi, du mois d'août 1683, à la disposition de laquelle on n'a rien changé depuis.

Les îles qui se forment dans les petites rivières non navigables, appartiennent au propriétaire des terres contiguës.

Amaigrir. v. a. Diminuer de l'épaisseur d'une pièce de bois de charpente, ou de quelques autres matériaux, pour qu'ils puissent remplir la place à laquelle ils sont destinés.

Amarrer. v. a. Attacher et lier fortement avec une amarre.

Amarres. s. f. Pièces de bois appliquées sur les montans d'une chèvre ou d'un engin, lesquelles forment un bossage autour des extrémités. On appelle aussi *amarres* un câble dont on se sert pour attacher quelque chose. On désigne encore par des *amarres*, les cordages avec lesquels on attache les vaisseaux à quelques pieux ou anneaux.

Amont. s. m. Quand on reprend un mur par sous-œuvre, au rez-de-chaussée, on étaie le reste de ce mur en amont.

On appelle donc *amont* les parties supérieures d'un mur dont les parties inférieures sont reprises en sous-œuvre pour être réparées. On se sert plus particulièrement de ce mot pour indiquer les parties de construction qui, sur une rivière, sont du côté de la source. S'il s'agit d'un pont, on dit parapet d'amont, avant-bec d'amont; et ce qui est opposé se nomme parapet d'aval, avant-bec d'aval.

Ancre. s. f. Barreau de fer carré, diversement contourné, que l'on passe dans l'œil d'un tirant de fer, pour retenir l'écartement des murs de face, et empêcher la poussée des voûtes.

Angar. s. m. Espèce de bâtiment provisoire, porté par des piliers de pierres ou des poteaux de bois, et qui sert de magasin ou d'atelier pour les ouvriers.

Angle. s. m. On appelle de ce nom l'espace compris entre deux lignes qui se rencontrent ou se coupent en un point. Il y en a de trois sortes : angle droit, angle aigu, angle obtus.

— *Droit*, a pour mesure le quart du cercle, ou 90 degrés, que les ouvriers nomment équerre ou trois quarts.

— *Aigu*, a pour mesure moins de 90 degrés, les ouvriers le nomment angle maigre.

— *Obtus*, a pour mesure plus de 90 degrés; les ouvriers l'appellent angle gras.

Les angles reçoivent encore leur dénomination des lignes dont ils sont formés; celui qui est formé de lignes droites se nomme rectiligne; celui qui est formé de deux lignes courbes, curviligne; et celui qui est formé d'une ligne droite et d'une ligne courbe, mixtiligne.

La mesure d'un angle, est la valeur de l'arc, compris entre ses côtés : d'où il suit que les angles se distinguent par le rapport de leurs arcs à la circonférence du cercle entier.

Puisque la valeur d'un angle s'estime par le rapport de son arc à la circonférence, il importe peu avec quel rayon cet arc soit décrit; la quantité d'un angle demeure donc toujours la même, soit que l'on prolonge les côtés, soit qu'on les raccourcisse : ainsi, dans les figures semblables, les angles homologues ou correspondans sont égaux. L'art de prendre la valeur des angles est d'un grand usage pour la levée des plans.

Les instrumens qui servent principalement à cette opération, sont : le quart du cercle, la planchette, la boussole, le graphomètre.

Anse. s. f. On appelle anse de panier une courbe qui ressemble à la moitié d'une ellipse coupée par son grand axe, et qui est composée de plusieurs arcs de cercle, tous concaves d'un même côté, se touchant aux points où ils se joignent, et valant tous ensemble 180 degrés. La droite, qui joint les extrémités de l'anse de panier, se nomme diamètre de l'anse; la droite, élevée perpendiculairement sur le milieu du diamètre, jusqu'à l'anse du panier, se nomme la flèche ou la montée de l'anse, et les deux extrémités du diamètre s'appellent les naissances de l'anse.

Le nombre des arcs qui composent une anse de panier est toujours impair, et celui du milieu est nécessairement coupé en deux parties égales par la montée.

Lorsqu'une anse n'est pas extrêmement surbaissée, on peut la construire avec trois arcs de cercle, et l'on peut faire les arcs extrêmes plus ou moins grands; c'est-à-dire qu'on peut leur donner plus ou moins de degrés, suivant que l'anse est plus ou moins surbaissée.

Une anse de panier, dont la montée n'est pas moindre que les cinq douzièmes du diamètre, se fait ordinairement avec trois arcs de 60 degrés chacun.

Mais lorsque la montée est moindre que les cinq douzièmes du diamètre, on est obligé, pour donner une figure agréable à l'anse, de faire chacun des arcs extrêmes, plus grands que 60 degrés, et l'on augmente d'autant plus ces arcs extrêmes, que l'anse est plus surbaissée.

Enfin, lorsque l'anse de panier doit

être extrêmement surbaissée, par exemple, lorsque la montée doit être moindre que le quart du diamètre, si on la composait de trois arcs seulement, les arcs extrêmes qui partiraient des naissances, auraient des courbures trop différentes de l'arc du milieu qui les joindrait; et l'anse serait d'une figure désagréable; dans ce cas on construira l'anse avec cinq arcs.

On peut donc faire une infinité d'anses de panier, différentes les unes des autres, sur un même diamètre, avec la même montée; mais le problême peut devenir déterminé par différentes conditions que l'on peut imposer, et dont on trouvera la solution dans mon Encyclopédie.

Appareil. s. m. C'est l'art de tracer exactement les pierres d'un édifice, de les faire tailler, et de les poser dans la place à laquelle elles sont destinées.

On dit qu'un bâtiment est d'un bel appareil, quand il est conduit avec soin, et que les assises sont de hauteur égale.

On dit aussi qu'une pierre ou assise est de bon appareil, quand elle ne porte que 12 et 15 pouces de hauteur, et de haut appareil, quand elle en porte 24 ou 30.

Appareilleur. s. m. C'est celui qui, sachant l'art de la coupe des pierres, leur donne la grandeur et la figure qu'elles doivent avoir, en ménageant les blocs, de manière qu'il y ait le moins de perte possible, et qui, en conséquence, dirige le travail des tailleurs de pierre, poseurs et contre-poseurs.

L'appareilleur est un homme très-essentiel pour la conduite des travaux d'arts.

Il est nécessaire qu'un appareilleur possède les mathématiques, afin de pouvoir calculer le poids et la charge qu'il doit donner au mur. Il est essentiel aussi qu'il sache dessiner l'architecture : comment pourrait-il, autrement, apprendre l'art de profiler et de former des courbes élégantes et gracieuses ?

Aqueduc. s. m. Conduite d'eau d'un lieu à un autre, dans un canal creusé dans les terres ou élevé au-dessus, suivant un niveau de pente, malgré les inégalités de terrain où il passe. On construit, sur les grandes routes, de petits aqueducs qui traversent la chaussée et servent à l'écoulement des eaux. Ces aqueducs sont formés d'un radier d'un mètre de largeur, y compris l'épaisseur des culées, et d'un recouvrement en pierres plates jointes ensemble. On en construit aussi de plus considérables, selon la quantité des eaux qu'ils ont à recevoir; ils ont alors une voûte en maçonnerie avec mortier de ciment, et portent rarement plus d'un mètre de hauteur.

On construit des aqueducs plus importans qu'on est obligé souvent de pratiquer sous les canaux, afin de donner un libre écoulement, tant aux eaux des ruisseaux qui endommageraient le canal, surtout dans le tems de leurs plus grandes crues; qu'aux eaux qui proviennent des orages ou des fontes de neiges.

C'est à l'Ingénieur chargé de semblables travaux de régler ses projets d'après les localités; il suffit d'indiquer ici les écueils qu'il pourrait rencontrer.

Il faut d'abord observer, à l'aide du nivellement, quelle sera la hauteur des eaux des ruisseaux dans leurs plus grandes crues; afin de déterminer, d'une manière avantageuse, et la position des aqueducs, et leur capacité. Si l'on n'a pas assez de fond pour les construire d'une grandeur proportionnée à l'abondance des eaux que recevra le contre-fossé supérieur, il faudra lui donner deux ou trois passages contigus, afin de prévenir les inondations que pourrait causer le défaut d'un écoulement assez prompt; mais il faut bien faire attention de disposer ces aqueducs de manière qu'on puisse aisément les nettoyer, dans la crainte qu'à la longue ils ne se bouchent par le limon que déposeraient les eaux troubles, si elles ne s'échappaient pas avec assez de vitesse; c'est pourquoi il faut, quand les eaux des contre-fossés seront de part et d'autre à peu près aussi élevées que celles du canal, éviter, autant qu'on le pourra, de donner aux aqueducs la forme d'un siphon passant au-dessous du canal. Il vaut mieux pratiquer une entrée d'un côté de la digue, un déchargeoir du côté opposé. En cas que la surface du terrain soit supérieure au terrain opposé, il vaut mieux encore profiter du mur de chute de l'écluse la plus prochaine, pour y pratiquer un aqueduc droit. C'est parce qu'on n'en a pas usé ainsi en construisant le canal de Languedoc, et qu'on n'a pas pratiqué d'autres aquedues où il devait y en avoir, que ce canal a beaucoup souffert des eaux étrangères qui s'y jetaient : elles en auraient certainement causé la ruine, si M. le maréchal de Vauban n'y avait remédié.

Dans beaucoup d'endroits, l'on rencontre de grands obstacles pour faire passer un aqueduc de maçonnerie sous le lit d'un canal. Alors on se sert de buses de charpente pour l'écoulement des eaux, quand elles ne sont pas abondantes. Ces buses se composent de gros arbres en grume, de 18 pouces de diamètre au moins; ils doivent être bien droits et sans défauts. On les divise par tronçons, les plus longs que l'on puisse employer; on les scie en parties égales sur la même longueur, pour creuser sur 5 pouces de profondeur et 10 de largeur dans toute leur étendue, en sorte que ces deux parties étant jointes par entailles, bien calfatées, goudronnées, goujonnées de 4 en 4 pieds, avec de bonnes chevilles de bois, forment une buse carrée de 10 pouces de côté. Il faut qu'elle ait au moins 3 pouces d'épaisseur dans la partie la plus faible qui est aux angles. Les arbres qui les composent se joignent les uns aux autres par une liaison d'un pied de longueur, et sont encastrés moitié par moitié; les joints sont recouverts d'une plaque de plomb bien clouée.

En posant ces buses à demeure, il faut avoir soin que les jonctions des arbres reposent sur des bouts de madriers. Quant aux deux extrémités de chaque buse, elles portent sur des semelles de 5 pieds de long et de 6 pouces d'équarrissage, entretenues par des pal-planches.

L'entrée des eaux se borde de deux pierres de taille formant une manière de lunette, ayant un évasement de 2 pieds d'ouverture et de 10 pouces de profondeur, sur une pareille épaisseur autour. Cette entrée se ferme d'une petite grille de fer, dont les barreaux sont espacés de 2 pouces. Cette grille est attachée sur un seuil de pierre, bordée de pal-planches.

Nous allons maintenant parler des aqueducs que l'on construit pour amener l'eau dans les grandes villes.

On ne saurait douter que l'usage des aqueducs n'ait été connu dès que les hommes se sont réunis en corps de nations. Les Egyptiens, que l'on regarde comme un des plus anciens peuples du monde, réduits à chercher dans leur industrie de quoi remédier à l'aridité de quelques-unes de leurs provinces, creusèrent une infinité de canaux pour communiquer la fécondité des eaux du Nil aux cantons qui en étaient éloignés. Mais les pays montueux et hérissés de rochers ne profitaient pas de ce secours; de là vint l'idée de construire des aqueducs, des rivières artificielles, dont le lit, suspendu dans les airs, rapprochait et semblait joindre les montagnes que la nature avait séparées par des vallées.

L'eau est si nécessaire à la vie, que de tous les objets qui peuvent intéresser une grande ville, il n'y en a point de plus important que celui de lui procurer des eaux de bonne qualité, et en suffisante quantité; les Romains en étaient si persuadés, qu'au milieu de leurs grandes entreprises, un de leur premier soin était de faire arriver l'eau dans tous les lieux qu'ils habitaient. On trouve encore des restes de ces aqueducs dans un très-grand nombre de villes, à Fréjus, à Nismes, à Aix, à Lyon, à Metz, à Paris, etc.

Paris doit aux Romains le premier aqueduc qui y conduit de l'eau des sources éloignées ; c'est l'aqueduc d'Arcueil, qui fut, dit-on, construit par les ordres de l'Empereur Julien, pour porter des eaux au palais des Thermes que ce prince habitait. Après la destruction de cet aqueduc, on en construisit d'autres successivement. Depuis environ un siècle, on est parvenu à procurer à Paris quelques filets d'eau ; mais sur cet objet utile, nous sommes bien éloignés de cette magnificence romaine que Pline vante à si juste titre.

Toute ville devrait avoir au moins un pouce d'eau par chaque mille habitans ; ce qui donne vingt pintes d'eau pour chaque personne, pourvu qu'on n'en laisse pas perdre pendant la nuit. Cette quantité suffit pour les besoins intérieurs des maisons bourgeoises et ceux de la classe inférieure ; mais elle ne suffit pas pour les grandes maisons. Il serait de plus très-utile d'avoir une certaine quantité d'eau qui coulât sans cesse dans les rues pour les entretenir propres, et qui fût toujours prête à être employée en cas d'encendie.

On compte communément 800,000 habitans dans Paris ; il faudrait donc 800 pouces d'eau pour le besoin intérieur des maisons, et elle en a tout au plus de 200 à 300 pouces, auxquels il faut ajouter actuellement les eaux de la rivière d'Ourcq.

Comme peu de personnes ont une idée juste de ce qu'on entend par un pouce d'eau, j'en vais donner une courte définition.

On est convenu de nommer un pouce d'eau, le jet ou la quantité continue d'eau qui sort par un trou rond, d'un pouce de diamètre, fait à un côté d'un vase de cuivre ou de fer-blanc ; avec cette condition, qu'il faut que la surface de l'eau soit toujours entretenue dans le vase à 7 lignes au-dessus du centre du trou.

Les choses étant telles pour le diamètre du trou et pour la hauteur de la surface de l'eau au-dessus du centre, l'expérience a fait reconnaître qu'il passe par cette ouverture 72 muids d'eau par 24 heures ; ou 3 muids par heure, ou environ 14 pintes par minute. *Voyez* l'article *Jauge*.

Arc. s. m. Portion d'un cercle, d'une ellipse ou de toute autre courbe.

L'arc reçoit différens noms suivant sa figure.

L'arc droit forme une voûte ou arcade perpendiculaire à son axe et à ses côtés, ou aux tangentes de ses côtés.

— *Rampant* ou *alongé* forme une voûte ou arcade, dont le diamètre est incliné à l'horizon, et dont la clef est oblique sur ce diamètre, tels sont ceux qu'on pratique sous les rampes des escaliers et dans les arcs-boutans des églises. Les arcs ne peuvent être d'une portion de cercle, mais de plusieurs, ou plutôt ils sont une portion d'ellipse ou de parabole.

— *Biais*, forme une voûte, dont la tête n'est pas d'équerre sur son axe, et qui, par conséquent, a un pied droit en angle aigu, et l'autre en angle obtus.

— *Angulaire*, est formé par une voûte dont les pieds droits forment un angle : telles sont les têtes des voûtes sur le coin ou dans l'angle ; ces arcs sont ordinairement de deux portions de cercle ou même de trois, qui ont chacun leur centre différent.

— *Diminué*, n'est formé que d'une portion de cercle ; quelquefois son centre est le sommet d'un triangle équilatéral, et quelquefois d'un triangle isocèle.

— *En plein cintre*, est formé d'un demi-cercle.

— *Surbaissé* ou *anse de panier*. V. *Anse*.

— *En chaînette*, encore plus élevé que l'arc surbaissé; il a la figure d'une chaîne qui serait suspendue par ses extrémités.

— *Gothique* ou *en tiers point*, est formé de deux portions de cercle, formées elles-mêmes des extrémités de son diamètre pris pour centre.

— *En talus*, est celui dont la tête est dans un mur en talus.

— *En décharge*, est pratiqué ordinairement dans l'épaisseur de la maçonnerie, pour soulager une plate-bande ou un autre arc, du poids de la maçonnerie supérieure.

— *A l'envers*, est bandé en contre bas, et par cette position à l'arc en décharge, sert dans les fondemens à entretenir les piliers de maçonnerie, et à empêcher qu'ils ne s'affaissent dans les terrains mous.

ARC-BOUTANT. s. m. Arc rampant ou portion d'arc, qui est appuyé contre les reins d'une voûte pour en retenir la poussée et empêcher l'écartement.

Arcs-de-Triomphe. Monumens qui étaient élevés à la gloire des Consuls ou des Empereurs Romains, en l'honneur des victoires qu'ils avaient remportées : on leur en élevait même pour avoir fait réparer les grands chemins.

Le plus bel arc-de-triomphe qui subsiste encore est celui d'Orange; il a 66 pieds de long sur 60 pieds de hauteur ; les colonnes sont d'ordre Corinthien.

L'arc de Titus, à Rome, celui de Constantin, plus considérable encore, et ceux élevés à César-Auguste, comme réparateur de la voie Flaminienne, l'un à Rome et l'autre à Rimini, sont des chefs-d'œuvre dans ce genre. On peut mettre au même rang l'arc-de-triomphe élevé à la gloire de Louis XIV, à la porte Saint-Denis ; c'est le seul monument de ce genre qui puisse être comparé à ceux des Romains, et qui soit digne de servir de modèle à la postérité.

Arche. s. f. Voûte construite sur les piles ou culées d'un pont en pierre, pour laisser un libre cours à la navigation, et donner en même tems un passage aux dessus des eaux.

L'arche du milieu d'un pont se nomme

maîtresse arche, elle est ordinairement plus grande que les autres.

Les arches d'un pont ont différentes dénominations selon leur forme.

Argile. s. f. Terre grasse et visqueuse dont on se sert pour faire la brique, la tuile, etc.; le pied cube d'argile pèse ordinairement 135 livres.

L'argile est dense, compacte, serrée; et comme ses molécules sont très-fines, très-rapprochées et très-mobiles, on la polit avec les doigts en l'humectant. Elle se délaie facilement dans l'eau et y reste flottante, ce qui la fait distinguer des autres terres, qui se précipitent. On ne trouve presque jamais d'argile pure; elle est ordinairement altérée par le sable, les quartzs, la terre calcaire et les terres métalliques auxquelles elle doit ses couleurs.

L'argile ne se vitrifie pas par l'action du feu, elle y acquiert de la solidité sans entrer en fusion, à moins qu'elle ne contienne beaucoup de fer.

L'argile dont on se sert pour faire des briques, des tuiles, etc. est connue sous le nom de *terre glaise*; elle est ordinairement grise; il s'en trouve aux environs de Paris des bancs qui ont jusqu'à 40 pieds d'épaisseur.

Lorsqu'on veut pratiquer une chaussée, il faut éviter, autant qu'il est possible, de l'établir sur un fonds argileux; car elle sera continuellement tourmentée, renversée par le gonflement que la terre argileuse éprouve lorsqu'elle se pénètre d'eau.

Arithmétique. s. f. Science des nombres, qui sert aux calculs des toisés, des opérations géométriques, etc.

Arpent. s. m. Mesure ancienne qui varie selon les pays. L'arpent de Paris est de 100 perches carrées, la perche étant supposée de 18 pieds; ainsi l'arpent de Paris contient 30 toises en tout sens ou en carré, et il a 900 toises de superficie.

L'arpent des eaux et forêts est aussi de 100 perches; mais la perche a 22 pieds.

Arpentage. s. m. L'art de mesurer la superficie des terres et d'en calculer le contenu.

Arrachement. s. m. Pierres saillantes qui servent à former la liaison d'une maçonnerie nouvelle avec l'ancienne. On les appelle aussi pierres d'attente; mais on dit plus particulièrement, former des arrachemens, quand on démolit la partie mauvaise, et même quelques bonnes parties d'un mur pour former des liaisons avec une nouvelle maçonnerie.

Arrasement. s. m. Surface supérieure d'un cours d'assises de pierres, ou d'un mur de maçonnerie mis de niveau.

Arraser. v. a. Mettre à même hauteur et de niveau un cours d'assises de pierres ou un mur de maçonnerie.

Arrases. s. f. Matériaux plus ou moins épais qu'on place dans les inégalités d'un cours d'assises ou d'un mur de maçonnerie, pour rendre la surface de dessus unie et de niveau.

Arrière-bec. s. m. Partie triangulaire de la pile d'un pont, qui est du côté d'aval; quelquefois l'arrière-bec a la forme d'un rhombe; quelquefois aussi son extrémité est circulaire.

Assemblage. s. m. Est en général l'union et la jonction de plusieurs pièces de bois taillées de différentes manières pour former un tout.

— *Carré* se fait en coupant la moitié de l'épaisseur du bout de deux pièces de bois carrément, et les appliquant l'une sur l'autre.

L'assemblage carré se fait aussi à tenon et mortaise.

— *A anglet ou onglet* se fait à tenon et mortaise, mais en diagonale.

— *A tenon et mortaise* se fait en pratiquant à l'extrémité d'une pièce un tenon du tiers de son épaisseur, et dans l'autre pièce une mortaise dans laquelle on fait entrer le tenon, qu'on y arrête par le moyen d'une ou de deux chevilles.

— *Par entaille* se fait en joignant, bout à bout ou en équerre, deux pièces de bois, par des entailles à mi-bois, carrées ou à queue d'aronde, et arrêtées avec chevilles, clous ou boutons.

— *Boulonné et fretté;* en assemblant plusieurs pièces l'une auprès de l'autre, suivant leur épaisseur, en passant des boulons à écrou à travers, et y mettant des frettes de fer ou armatures.

Assembler, v. a. Joindre ensemble les différentes pièces de bois de charpente préparées et taillées pour la construction d'un pont de bois, d'un cintre, des portes d'écluse, et de différentes machines.

Assises. s. f. Rangs de pierres d'une même hauteur, posées de niveau dans la construction d'un mur. On dit : première, seconde, troisième assise.

Attachement. s. m. Notes des ouvrages de différentes espèces que prend l'Ingénieur, et presque toujours en présence des Entrepreneurs, pour servir de base au devis, et fixer la nature des différens travaux.

Attérissement. s. m. Synonyme d'alluvion ; c'est l'apport de terre, sable ou limon, que la mer ou un fleuve apporte sur son rivage ou sur la rive.

Aval. adj. On se sert de ce terme pour exprimer le côté de l'embouchure des rivières, il est opposé au côté d'amont. On dit le parapet d'aval; la face d'aval d'un pont.

Avant-bec. s. m. C'est la partie saillante et triangulaire d'une pile de pont, qui est opposée au fil de l'eau et la coupe. On la couvre ordinairement de dalles à joints recouverts.

Avant-pièce. s. m. Bout de poutre ou de pieu, qu'on entretient à plomb sur la tête d'un pilotis pour le ralonger, afin que le mouton puisse l'enfoncer.

Aube. s. f. Planches fixées à la circonférence de la roue d'un moulin, et sur lesquelles s'exerce immédiatement l'impulsion du fluide, qui, en les chassant les unes après les autres, fait tourner la roue.

Une roue chargée d'aubes doit toujours tourner uniformément, et pour cela, il faut qu'elle soit telle que, dans quelque situation qu'elle se trouve, l'effort du fluide contre toutes les aubes ou parties d'aubes actuellement enfoncées, soit nul; c'est-à-dire que la somme des efforts positifs pour accélérer la roue soit égale à la somme des efforts négatifs pour la retarder.

M. Parcieux préfère les roues à auges à celles à aubes, parce qu'il a été convaincu par des expériences, que la pesanteur du fluide agit plus que son choc; de là il conclut que les aubes des roues, qui tournent dans les coursières, doivent être inclinées aux rayons comme elles le sont en effet partout, plus ou moins, pour mieux recevoir l'effet de la pesanteur de l'eau. La même raison subsiste pour les aubes des roues qui sont dans les grandes rivières.

On dit que la plus grande vitesse que

puisse prendre une aube, est le tiers de la vitesse du fluide qui la met en mouvement.

Aubier. s. m. Ceinture plus ou moins épaisse de bois imparfait, qui est entre l'écorce et le cœur, dans tous les arbres. On le distingue aisément du bois parfait par la différence de sa couleur et de sa dureté ; on doit retrancher l'aubier dans les bois qu'on emploie.

Aubours. s. m. Blanc du bois de chêne, qu'on ne doit employer que sous l'eau et en pieux ; il est sujet à être percé par les vers lorsqu'on l'emploie aux ouvrages du dehors.

B

Bac. s. m. Grand bateau plat, ouvert par le devant et le derrière, auquel est ajouté un tablier que l'on abaisse sur le rivage, pour en faciliter l'entrée aux voitures et aux animaux. Au milieu de ce bateau, dans sa longueur, doit être un rouleau vertical, sur lequel passe un câble attaché solidement sur les deux rives, et qui sert à le mouvoir d'une rive à l'autre. On distingue différentes manières de construire un bac, ainsi que différens usages pour le conduire. Il y a des bacs qui ont la poupe ouverte, et dont la proue est attachée par un long câble à un pieu placé au milieu de la rivière; leur mouvement se fait par une portion de cercle d'une rive à l'autre.

Badigeon. s. m. Espèce de peinture en détrempe, dont se servent les maçons pour donner aux enduits de plâtre la couleur de la pierre : elle se fait avec des recoupes de pierres écrasées, passées au tamis, et délayées dans l'eau; on figure ensuite sur cet enduit des joints montans et de niveau, pour faire paraître des chaînes, des pieds-droits, des arcs, des voussoirs, etc.

Bahut. s. m. La figure du coffre appelé *bahut*, dont le dessus est bombé ou à deux pentes, a donné l'idée de se servir de ce nom, dans la maçonnerie, pour les pierres de recouvrement des parapets des ponts ou des murs des quais.

Bajoyers. s. m. Murs de côté ou de revêtissement d'une chambre d'écluse, dont les extrémités sont fermées par des portes ouvrantes ou des vannes qui se lèvent.

Les bajoyers d'une écluse ne sauraient être construits avec trop de précaution ; il faut, par leur bonne construction, éviter toute espèce de dégradation causée par le choc des eaux, parce que ces dégradations outre qu'elles ne peuvent être réparées qu'avec la plus grande difficulté, entraînent avec elles d'énormes dépenses.

Je vais, d'après Belidor, indiquer les précautions à prendre pour ces sortes de constructions. « En supposant le radier bien conditionné, à son recouvrement près, qu'il ne faut appliquer (le radier), s'il est de charpente, que lorsque le reste de la maçonnerie sera achevé, pour ne pas le gâter : en supposant, d'autre part, que la fondation des bajoyers soit arrasée au niveau de la surface du radier, il faut tout de nouveau vérifier le tracé de l'écluse dans toutes ses parties pour régler les retraites ; il faut reconnaître si, avant que de poser la première assise des paremens, les pierres ont été taillées de manière à répondre exactement à la figure du plan, ce qu'on ne peut guère juger avant qu'elles ne soient mises en place ; mais comme alors ce n'est plus le temps de rectifier, il faudrait, pour plus de précision, que l'Ingénieur fît un plancher exprès, sur lequel il traçât une épure de grandeur naturelle de la base d'un bajoyer, sur l'étendue seulement que doivent comprendre les portes quand elles seront ouvertes : de cette manière, il ne pourrait y avoir pour les ouvriers aucune équivoque pour le logement des poteaux, tourillons, la position de leur crapaudine, et les enclaves destinées à loger les portes. Il faut faire ces portes assez profondes pour qu'elles ne débordent point le nu du mur, afin de ne pas rétrécir le passage de l'écluse, surtout si ces portes sont tournantes, parce qu'alors elles ont plus de relief que les autres; c'est à quoi il faut bien prendre garde, en examinant si les pierres posées sur l'épure remplissent parfaitement leur objet.

« Tout le parement des bajoyers doit se faire de pierre de taille, la plus dure que l'on pourra trouver dans le pays. On fera attention que, souvent, telle espèce de pierre qui réussit à l'air, peut devenir très-mauvaise quand elle est employée dans l'eau.

« Quand on aura pris toutes les précautions convenables pour le choix de la pierre, on en fera tailler de deux échantillons différens, l'un pour les boutisses, qui ne doivent pas avoir moins de trois pieds de queue, et l'autre pour les panneresses, auxquelles on donnera depuis 20 jusqu'à 24 pouces de lit; les boutisses et les panneresses ayant 12, 15 et 18 pouces de hauteur, doivent être posées alternativement : on observera que les boutisses n'aient pas plus de cinq pieds d'intervalle, lorsqu'on sera obligé d'employer deux panneresses de suite. Au surplus, il faut avoir grand soin de choisir les pierres les plus grosses et les plus dures pour les chardonnettes, les encoignures et les angles, surtout aux endroits des jambages et battées des portes. »

« Les assises les plus épaisses doivent être posées les premières, et les autres par gradation d'épaisseur; toutes les pierres doivent être taillées de façon qu'elles puissent être posées sur leur lit de carrière, parce qu'autrement il serait à craindre qu'elles ne se fendissent sous le poids de la charge qu'elles auraient à soutenir.

On fait en sorte qne les joints des paremens n'aient que 2 lignes de largeur, ce qui revient à 4 ou 5 lignes vers la queue, à cause des démaigrissemens.

« Lorsqu'on veut pratiquer des pertuis ou petits aqueducs dans l'épaisseur des bajoyers, pour faire passer l'eau d'un côté de l'écluse à l'autre, sans ouvrir les portes, ni même les guichets, il faut avoir grande attention d'en faire la maçonnerie le plus solidement possible, pour prévenir les dégradations que la rapidité de l'eau pourrait occasionner par la suite. C'est pourquoi il faut que le radier de ces aqueducs soit fait avec autant et même plus de soin encore que celui de l'écluse; l'un et l'autre doivent se trouver dans le même plan, afin que l'eau puisse couler partout sans obstacle.

« Les pierres étant bien piquées et dégauchies, selon l'aplomb qu'on a coutume de suivre pour le parement des bajoyers, qui n'ont jamais de talus, on donnera aux lits et joints montans 12 à 15 pouces de plein à l'équerre, ne démaigrissant les mêmes lits que de 2 ou 3 lignes seulement, pour que les pierres aient un peu plus de jeu lorsqu'on les assied; enfin il faut n'oublier aucune des précautions que demande ce travail.

« A mesure que l'on élève chaque assise de parement, on doit bien garnir le derrière en maçonnerie de brique, toujours avec mortier de ciment, sur l'épaisseur d'environ 3 pieds; le reste peut se faire de moëllons, de même que le massif des contreforts. Cette maçonnerie sera bien liée avec celle de brique, dont on pourra encore, pour plus de solidité, faire des chaînes par intervalle, sur toute l'étendue de l'ouvrage, mais il en faut nécessairement derrière le parement, pour empêcher que, par la suite, l'eau de la retenue ne pénètre dans l'épaisseur du mur quand les joints viendront à se dégrader.

« Lorsque ces murs seront terminés, on regrattera sur-le-champ tous les joints de paremens d'un pouce de profondeur, pour rejointoyer avec un bon ciment.

« Si ce sont des bajoyers exposés à la mer, il faut faire un ciment gras, avec parties égales de ciment et de chaux vive réduite en poudre, en la faisant tremper promptement dans l'eau; ces matières seront arrosées d'huile de lin bouillie ; et elles seront battues jusqu'à la consistance du ciment ordinaire, pendant une heure au moins.

« Lorsque les paremens des bajoyers sont élevés jusqu'à la hauteur des colliers de fonte qui doivent soutenir les portes, l'on prend toutes les mesures nécessaires pour enclaver dans la maçonnerie, le plus solidement qu'il est possible, les tirans et clefs de fer qui les retiennent. » *V. Ecluse.*

Bander. v. a. Arranger les voussoirs en clavecin sur les cintres de charpente, les fermer et les serrer avec des coins.

Banquette. s. f. Petit chemin élevé à côté du chemin des voitures, le long des parapets d'un pont ou du parapet d'un quai : il est ordinairement bordé d'une assise de pierres de taille, pavé en mortier de ciment ; on lui donne le plus souvent depuis 4 jusqu'à 9 pieds de largeur, à proportion de la largeur du pont. C'est aussi un petit sentier de 18 pouces ou 2 pieds de large, élevé le long d'un des côtés de la rigole, ou d'un canal d'un aqueduc pour en faciliter la visite et les réparations.

Barbacane. s. m. Ouverture dans un mur de soutennement de chaussée ou dans tout autre ; elle sert à l'écoulement des eaux qui se filtrent au travers des terres dont on a remblayé une chaussée.

Barbelé. adj. Qui a des dents ou pointes à rebours, telles sont les chevilles de fer, ou grands clous qu'on emploie dans la construction des plates-formes sur pilotis, pour les fondations dans l'eau. Ces chevilles, ainsi barbelées, étant enfoncées dans le bois, ne peuvent en sortir, parce que les dents qu'on y a faites ont la pointe du côté de la tête de la cheville.

Barillet. s. m. Partie d'un tuyau de fer ou de cuivre, dans laquelle monte ou descend le piston d'une pompe.

Baromètre. s. m. Je ne considérerai cet instrument que sous le rapport de l'usage qu'un Ingénieur en peut faire pour déterminer la hauteur des montagnes.

Il est reconnu, d'après toutes les expériences, que la hauteur ordinaire et moyenne du baromètre, placé au bord de la mer, est de 28 pouces, qui égalent le poids de tout l'air supérieur. Si on porte le baromètre plus haut, il baisse, parce que le mercure est soutenu par une moindre hauteur d'air; il baisse à peu près d'une ligne quand on le porte à 60 pieds au-dessus du niveau de la mer; deux lignes à 120 pieds, etc.

Il faut observer, cependant, que le baromètre varie, selon les différens changemens de l'air, et que ces variations sont dues principalement au temps serein, au vent et à la pluie. Il est dès-lors visible que les observations par lesquelles on veut trouver la quantité dont il descend pour une certaine hauteur, doivent être faites dans le même temps, afin que les changemens de l'air n'entrent pour rien dans son élévation et dans son abaissement. Abstraction faite de ces modifications, on peut donc mesurer, par un baromètre qu'on portera sur une montagne, l'élévation de cette montagne au-dessus du niveau de la mer, pourvu que l'on puisse savoir à quelle hauteur était en même tems le baromètre sur le bord de la mer, ou dans un lieu dont l'élévation, au-dessus de la mer, soit connue : tel serait, par exemple, l'Observatoire de Paris, que l'on sait être plus haut de 46 toises que l'Océan.

Pour avoir une instruction complète sur l'application du baromètre à la mesure des montagnes, il faut consulter l'ouvrage de M. Biot; on y trouve et le principe de la formule barométrique, dont plusieurs savans se sont occupés, et son perfectionnement, que l'on doit à M. de La Place; à l'aide de cette formule, on peut apporter dans les observations du baromètre, un degré de précision presqu'incroyable.

Base. s. f. C'est en général le terrain ou la maçonnerie sur laquelle on élève quelque construction.

Dans l'art de lever les plans ou la carte d'un pays, une base est une ligne tracée de 500,000, ou 2,000 toises, s'il est possible, à laquelle on rapporte toutes les opérations que l'on fait pour lever le plan ou la carte.

Batardeau. s. m. Dans une rivière ou autre lieu aquatique, on fonde une double enceinte avec pieux, pal-planches, traverses, moises, etc. On la remplit de terre glaise pour empêcher l'eau d'y entrer, et on épuise celle qui y était, afin de découvrir le bon fond et de mettre des maçons en état d'établir les fondations solidement ; c'est ce qu'on appelle un batardeau.

On fait de deux espèces de batardeaux, les uns en terre simplement, les autres en encaissement. Les batardeaux, faits en terre, doivent être plus élevés que la superficie des eaux qu'ils retiennent, d'environ un pied et demi, et avoir une toise de couronne ; ou plutôt voici la règle générale qu'il faut suivre. L'épaisseur du batardeau, au sommet, doit être égale à la profondeur même de l'eau, laissant le talus des terres se former naturellement de part et d'autre, d'après leur pesanteur. Ce talus suit ordinairement la diagonale du carré, et par conséquent cette base aura pour largeur le triple de l'épaisseur du batardeau prise au sommet.

La construction des batardeaux diffère selon la nature des ouvrages pour lesquels ils sont faits. En général, ils doivent être attachés à un terrain ferme, et on doit y employer le moins possible des pierres et des fascines, parce qu'elles facilitent l'infiltration des eaux. On ne doit pas non plus attacher les batardeaux en terre à des murs, parce que la terre ne s'alliant jamais avec la pierre, moins encore avec la taille, les eaux filtrent sans cesse par les interstices. Quand les batardeaux ne peuvent pas se faire avec de bonnes terres franches, il faut pratiquer dans le milieu un conroi de glaise.

On aura soin que ces terres fortes et grasses, à mesure qu'elles seront étendues sur la base du batardeau, soient battues par la demoiselle, lit par lit d'un pied d'épaisseur, que l'on réduit à 8 pouces. On veillera à ce que la terre ne renferme ni cailloux ni gravier, cause ordinaire des transpirations, qui donnent lieu à des renards. Les progrès de ces renards peuvent devenir si rapides, qu'en très-peu de temps il se forme une brêche qui mette dans la fâcheuse nécessité de recommencer un autre batardeau. Le conroi doit régner dans le milieu du batardeau, sur toute sa longueur; il doit être d'une épaisseur proportionnée à la hauteur de l'eau, c'est-à-dire d'environ le tiers de cette hauteur; cette espèce de batardeau ne peut guère se pratiquer que dans les eaux dormantes.

Pour l'exécution du batardeau en encaissement, il faut calculer avec précision la pesanteur des eaux qu'il doit supporter.

Les pieux doivent être plantés à 3 pieds de distance sur la longueur des deux côtés du batardeau.

Les pieux seront fixés sur le devant par des longueraines ou des liernes, arrêtées par des entre-toises, et mortoisées à moitié; le tout chevillé et boulonné suivant les règles de l'art.

L'entre-deux des pieux sera garni de pal-planches, armées de lardoires ou affutées en pointe de même que les pieux, suivant le plus ou le moins de consistance du terrain dans lequel on les plantera, à l'aide d'une masse ou d'un mouton; toute la charpente entrera ainsi dans terre au moins à un quart de la hauteur de l'eau qu'elle doit soutenir.

Le batardeau une fois établi par une double file de pieux et pal-planches, arrêtés par des entretoises, sera déblayé à trois pieds tout au moins au-dessus des plus basses eaux, et jusqu'au fond de consistance, s'il est possible.

La largeur des batardeaux doit être en raison de la hauteur de l'eau qu'ils ont à supporter. Un batardeau aura trois pieds de largeur dedans œuvre, s'il a trois pieds d'eau à supporter, et deux toises de large, s'il a deux toises d'eau à supporter. Cette opération est fondée sur la pesanteur des corps qui n'ont de retenue que par rapport à la diagonale de leurs carrés. Ainsi, un pouce d'eau, avec sa base de retenue, qui formera un triangle-rectangle, ne donnera, par les deux côtés, que deux pouces, qui seront en équilibre avec l'hypothénuse de ce même triangle-rectangle dont les côtés sont égaux, ce qui ne vaut et ne pèse pas plus que deux pouces. Par là, tous les deux étant contre-balancés, ils ne feront aucun effort l'un contre l'autre. Cette largeur déterminée est bonne dans les eaux tranquilles; mais si les eaux sont courantes, on fait des batardeaux plus larges à raison de leur plus ou moins de rapidité; c'est à l'Ingénieur à calculer la rapidité et le choc des eaux et à y opposer une résistance relative. Belidor prétend qu'aux batardeaux qui se font par encaissement et avec de bonne terre, il n'est pas nécessaire de donner autant d'épaisseur, qu'il suffit qu'elle soit égale aux deux tiers de la hauteur de l'eau qu'ils doivent supporter.

L'entre-deux de ces batardeaux doit être rempli d'un bon conroiement de terre glaise.

La terre glaise doit être battue sur un plancher préparé proche de l'ouvrage, réduite en morceaux de la grosseur d'une noix, et dégagée du plus léger grain de sable; on la prépare en l'arrosant vingt-quatre heures avant de l'employer. Le jour où on l'emploie on la foule aux pieds, on en fait des masses qu'on porte et coule à fond du batardeau, et que les ouvriers conroient avec un fouloir jusqu'à la superficie de l'eau qu'il faut retenir.

Après quoi on place les machines à épuiser les eaux sur les bords et le plus près du batardeau qu'il est possible.

Il faut donc, pour établir solidement un batardeau, avoir égard : 1.° à la qualité du terrain sur lequel on veut l'asseoir, afin de le préserver de tout accident; 2.° garantir si bien les fondations des effets des eaux de la retenue, qu'elle ne puisse jamais se frayer un passage par-dessous ; 3.° régler leur épaisseur de manière que, sans y employer une trop grande quantité de matériaux, on puisse être assuré qu'ils résisteront inébranlablement à la poussée des plus hautes eaux.

Bateau. s. m. Vaisseau à fond plat, dont on se sert pour naviguer sur les rivières et les canaux ; ils sont construits de différentes manières, et ils ont différentes grandeurs suivant la nature des rivières auxquelles ils sont destinés.

Les bateaux qui naviguent sur la Seine sont forts et très-longs ; ils portent le nom de *Foncets*. Ceux qui viennent de Rouen ont 28 toises de long, et portent sept cents milliers, traînés par douze chevaux ; ils emploient 18 à 20 jours pour venir à Paris.

Les bateaux de la Loire se nomment *Chalands* ; ces bateaux portent trente à quarante milliers, et prennent quatorze pouces d'eau. Dans le temps des grandes eaux ces bateaux peuvent porter jusqu'à quatre-vingts milliers.

Dans la ci-devant Flandre, les grands bateaux de quatre-vingts tonneaux, ayant mâts et voiles, et dont le tillac, de la proue à la poupe, est élevé d'un demi-pied plus que le plat bord, s'appellent *Bélandres*.

Les bateaux qui sont en usage sur le canal de Briare, portent jusqu'à deux cents pièces de vin, et arrivent à Paris avec la même charge.

Les bateaux de Liège ont cent huit pieds de long, quatorze de large, quatre de hauteur y compris l'épaisseur du fond; ils portent cent soixante-dix milliers.

Les Bároises ont quatre-vingts pieds de longueur, onze pieds de largeur, trois pieds et demi de hauteur, et portent quatre-vingt-dix milliers. Il y a sur la Meuse des bateaux qui ont cent pieds de long et treize de large, qui ne portent que vingt milliers dans les grandes eaux, et de quatre à cinq dans les eaux basses.

Les bateaux en usage sur la petite rivière d'Ourcq, ne portent que demi-charge des Marnois, à peu près soixante-dix voies de bois, ou trois cent soixante setiers de Paris : c'est leur charge ordinaire. Lorsqu'ils sont arrivés à Lisy-sur-Marne, on reverse leur charge sur les bateaux Marnois. Je renvoie pour l'histoire de la navigation, à la Théorie des forces nécessaires pour faire marcher un bateau.

Batonnée. s. f. C'est la quantité d'eau qu'élève une pompe à chaque coup de piston.

Bayart. s. m. Instrument qui sert à deux hommes pour porter différens fardeaux.

Berge. s. f. Bord escarpé d'une rivière qui ne peut pas en être baigné.

C'est aussi le talus en contre-haut ou en contre-bas d'un chemin fait à mi-côte, ou d'une levée.

Besaigue. s. f. Outil de charpentier, dont un bout est plat et taillant en ciseau, et l'autre bout carré en biseau ; il y a dans le milieu une douille qui sert à l'ouvrier pour la tenir. Les charpentiers s'en servent du côté plat et taillant pour dresser et aviver le bois et recaler les tenons et mortaises, et de l'autre côté pour faire les mortaises, après les avoir ébauchées avec les tarières et l'ébauchoir.

Beton. s. m. Espèce de mortier de ciment dont on se sert pour les fondemens des ouvrages dans l'eau, où il acquiert une très-grande dureté. *V. Ciment.*

Binard. s. m. Gros chariot à quatre roues d'égale hauteur, portant un plancher de bois de charpente assemblé, sur lequel on transporte des blocs de pierre d'une grosseur considérable.

Bistre. s. m. Couleur brune et un peu jaunâtre, dont les Ingénieurs se servent pour les lavis. Pour faire le bistre, on prend de la suie de cheminée, on la broie avec de l'urine d'enfant, jusqu'à ce qu'elle soit parfaitement affinée : on l'ôte de dessus la pierre pour la mettre dans un vaisseau de verre de large encolure, et on remue la matière avec une spatule de bois, après avoir rempli le vaisseau d'eau claire; on le laisse ensuite reposer pendant un quart d'heure; le plus gros tombe au fond du vaisseau; l'on verse doucement, par inclinaison, dans un autre vaisseau, ce qui reste au fond est le bistre grossier que l'on rejette : on fait de même de ce qui est dans le second vaisseau; on remue la liqueur dans un troisième, et on retire le bistre le plus fin, après l'avoir laissé reposer pendant trois ou quatre jours...

Biveau. s. m. Instrument composé de deux règles de bois jointes ensemble par une rivière, et formant une équerre dont les branches sont mobiles. Les Appareilleurs s'en servent pour prendre sur une épure, le modèle de l'ouverture d'un angle quelconque, et le rapporter sur les pierres qu'ils veulent faire tailler.

Bleu (de Prusse). s. m. Couleur très-nécessaire aux Ingénieurs pour le lavis des plans. L'usage n'en est pas facile, parce qu'il se précipite. La meilleure manière de le dissoudre est de verser dessus de l'eau-forte; il se fait une ébullition très-vive : lorsqu'elle est apaisée et refroidie, on verse dessus de l'eau gommée; on la laisse reposer pendant trois ou quatre heures, on verse ensuite l'eau gommée qui se trouve mélangée avec l'eau-forte, et il ne reste au fond du vase qu'un précipité bleu qui s'étend et lave très-facilement.

Bloc. s. m. Grosse pièce de pierre ou de marbre, telle qu'elle a été tirée de la carrière.

Blocage, s. m. On nomme ainsi toutes petites pierres ou même moëllons qui servent à garnir et remplir l'intérieur des murs entre les paremens de pierres de taille ou de moëllons piqués. On dit aussi *Blocaille.*

Bloquer. v. a. C'est remplir une fondation de moëllons, sans ordre. On en use ainsi quand on rétablit dans l'eau le dégravoiement d'une pile qu'on a entourée auparavant d'un pilotage, et de pal-planches.

Bois. s. m. Je vais d'abord considérer le bois selon ses espèces, ses façons et ses défauts.

On appelle *bois dur* celui qui a le fil gros, qui vient dans les terres fortes et au bord des forêts; on l'emploie pour la charpente.

— *Tendre* ou *doux,* le bois qui a peu de fil, est moins poreux, et a moins de nœuds; il est employé pour les assemblages qui ne fatiguent point.

— *Léger,* tous les bois blancs.

— *Affaibli,* celui dont on a considérablement diminué l'équarrissage, pour lui donner une forme quelconque; on le toise par sa partie la plus grosse.

— *Apparent,* celui qu'on met en œuvre dans les ponts de bois ou autres ouvrages en charpente, et qu'on ne couvre d'aucune matière, soit plâtre ou mortier.

— *Bouge*, celui qui est courbé ou bombé en quelqu'endroit.

— *Carié* ou *vicié*, celui qui a des nœuds pourris ou malandres.

Bois de brin ou *de tige*, celui qu'on a équarri en ôtant seulement les quatre dosses flaches, et dont on se sert pour les poutres, tirans, arbalêtriers, etc.

— *D'échantillon*, tous les bois qui ont des grosseurs et longueurs ordinaires, tels qu'ils ont été faits dans les forêts.

— *Déversé* ou *gauche*, tout bois qui, après avoir été équarri et travaillé, se déjette, se courbe, et perd la forme qu'on lui avait donnée.

— *D'équarrissage*, celui qui est propre à recevoir la forme d'un parallélipipède de plus de six pouces de gros.

— *De refend*, celui qui, ayant le fil droit, est propre à être refendu.

— *Flache*, celui dont les arêtes ne sont pas bien vives; celui qui ne pourrait être équarri sans beaucoup de déchet.

— *En grume*, celui qui n'est point équarri, dont on a seulement coupé les branches, et que l'on emploie de toute sa grosseur en pilotis.

— *De sciage*, celui qui est débité et refendu avec la scie.

— *Refait*, celui qui, étant gauche et flache, est redressé au cordeau et équarri sur ses faces.

— *Gélif*, celui qui a des gerçures et des fentes causées par la gelée.

— *Roulé*, celui dont les crues de chaque année sont séparées et ne font pas corps.

— *Sain et net*, celui qui n'a ni gale, ni fistule; ni malandres, ni nœuds vicieux.

— *Vif*, celui dont les arêtes sont bien vives et sans flaches, et où il ne reste ni aubier ni écorce.

Les bois de bonne qualité sont sains, à droit fil, non roulés, et n'ont ni fentes ni gerçures.

Le bois de sapin peut servir pour le

cintrage des arches, pour échafauder; il ne ploie jamais sous le faix, il casse plutôt; au lieu que le chêne plie et charge beaucoup les ouvrages; cependant il n'y a pas de meilleur bois que le chêne pour la charpente des ponts, des pilotis, etc. il dure très-long-tems exposé à l'air, et il ne pourrit jamais dans l'eau.

Le pied cube de chêne nouvellement abattu pèse de soixante-dix à soixante-quatorze livres; il diminue de poids en séchant. Il n'est assez sec pour être employé à la charpente que quand son poids est réduit à soixante ou soixante-deux livres. Le plus grand degré de desséchement du chêne réduit le pied cube à cinquante livres.

L'Ingénieur doit étudier les proportions à donner aux pièces en grosseur et en longueur pour résister à tel effort, dans les ponts comme dans tout autre ouvrage. Il peut résulter de très-grands inconvéniens si on les emploie trop gros, trop faibles, ou trop courts.

M. de la Hire, dans son *Art de la Charpente*, donne une table des grosseurs que doivent avoir les bois par rapport à leur portée. Sa progression est de 3 pieds en

3 pieds ; je la rapporte ici telle qu'il l'a donnée.

MESURES ANCIENNES.			MESURES NOUVELLES.		
longueur.	largeur.	hauteur.	longueur.	largeur.	hauteur.
pieds.	pouc.	pouc.	m. mill.	m. mill	m. mill.
12	10	12	3,573	0,271	0,325
15	11	13	4,873	0,298	0,352
18	12	15	5,847	0,325	0,406
21	13	16	6,822	0,352	0,433
24	13½	18	7,796	0,339	0,487
27	15	19	8,771	0,406	0,514
30	16	21	9,745	0,433	0,569
33	17	22	10,720	0,460	0,596
36	18	23	11,694	0,487	0,623
39	19	24	12,669	0,514	0,650
42	20	25	13,643	0,542	0,677

La force du bois n'est pas proportionnelle à son volume : une pièce double ou quadruple d'une autre pièce de même longueur, est beaucoup plus du double ou du quadruple plus forte que la première. La résistance du bois décroit considérablement à mesure que la longueur des pièces augmente ; et cette résistance augmente aussi considérablement à mesure que la longueur des pièces diminue.

J'ai dit que le bois de chêne était le meilleur que l'on pût employer dans les constructions des charpentes exposées à l'air : il ne doit être abattu que depuis l'âge de soixánte ans jusqu'à cent.

Le bois de châtaignier est aussi très-bon pour la charpente, mais il faut le réserver pour l'intérieur des bâtimens ; il a besoin, pour se conserver, d'être à couvert.

Le sapin peut, pour l'utilité, tenir le premier rang après le chêne et le châtaignier.

Le bois d'aulne ne pourrit point dans l'eau ; on en fait des tuyaux de pompe, des conduits d'eau, etc.

Dans la charpente on emploie deux sortes de bois, le bois de brin et celui de sciage.

Pour former le bois de brins, on ôte les quatre dosses et la flache d'un arbre en l'équarrissant.

Le bois de sciage se tire ordinairement des bois courts et trop gros.

On mesure le bois par cent de solives ; le cent de solives fait trois cents pieds cubes, et par conséquent trois pieds cubes font une solive.

Si l'on mesure une pièce de bois, on multiplie la longueur par la largeur en pouces, et leur produit par le dernier terme, qui est la hauteur, et l'on trouve le nombre des solives qu'on demande. Ainsi, une pièce de bois qui a de long deux toises six pouces, sur six pouces de gros ou d'équarrissage, fait une solive ou trois pieds cubes.

Les pilots et les pieux se mesurent autrement que les bois équarris, parce qu'ils ne sont pas également gros aux deux bouts, et qu'ils sont ordinairement arrondis ; on les mesure au milieu de la pièce, chacun à part, en passant un cordeau tout autour, qu'on rapporte sur une règle divisée en pieds, pouces, ou métriquement. *V. Pilots.*

Bordure. s. f. Alignement formé de gros quartiers de pierres qui terminent les deux côtés d'une chaussée, et doivent être posées de champ et à pierre fiche, pour avoir plus de prise sur le terrain, et mieux assurer la forme de la chaussée.

Quand on a quelque latitude pour la

dépense, on doit faire construire deux petits murs de soutennement, à fleur de terre, d'un pied de profondeur, sur 15 à 18 pouces de large, bâtis à chaux et à sable.

Borne. s. f. Se dit en général de tout signe de limites et séparation naturelle ou artificielle, qui marque les confins ou la ligne de division de deux héritages contigus. Quand il n'y a pas de séparations naturelles; l'Ingénieur ou l'Arpenteur en font placer d'artificielles.

Les chemins des Romains étaient garnis de bornes, tant pour la séparation des propriétés, que pour indiquer les noms des chemins dans les endroits où ils se croisaient : précaution très-nécessaire et trop négligée en France.

Ces bornes, chez les Romains, étaient ordinairement de forme carrée, et portaient des inscriptions, pour indiquer aux passans les noms des villes et des autres lieux où chaque chemin conduisait. Ces espèces de pilastres de 4 à 5 pieds de hauteur, avaient la forme de gaînes, d'où sortait une tête de Mercure, dieu tutélaire des grands chemins.

Bornoyer. v. a. C'est regarder avec un

œil, en fermant l'autre, pour mieux juger de l'alignement.

C'est aussi placer des jalons de distance en distance, en ligne droite, pour tracer des fossés, planter des arbres, etc.

Boulin. s. m. Pièce de bois qu'on scelle dans un mur pour servir à échafauder. On appelle trous de boulins ceux qui restent dans les ponts après qu'on en a tiré les cintres et les échafaudages.

Boulon. s. m. Cheville de fer de différentes longueurs, qui a une tête ronde ou carrée, et dont l'autre extrémité est percée en mortaise, pour recevoir une clavette, ou bien taraudée en vis, pour recevoir un écrou.

Le boulon a divers usages dans les ponts; on boulonne les liernes, les moises, les têtes de pilots de bordage, pour assurer une fondation.

Boulonner. v. a. Assembler ou retenir quelque chose, en le traversant avec des boulons.

Boussole. s. f. Boîte de bois exactement carrée, et dont les côtés sont bien parallèles aux diamètres qui passent par les points cardinaux; à son centre est un pivot de cuivre, sur lequel se meut une aiguille aimantée, qui a la vertu de se diriger, suivant le méridien, du nord au sud. Dans le pourtour de la boîte est un cercle divisé en 360 degrés. Cette boîte intérieure est circulaire et couverte d'une glace; dans le fond est collé un cercle de papier sur lequel sont tracés trente-deux ou soixante-quatre rumbs d'aires de vent.

On adapte à ces sortes de boussoles un parallélipipède creux, qui porte deux pinnules, par lesquelles on vise à un objet éloigné; la ligne de mire des deux pinnules doit être parallèle au diamètre de la boussole, d'où l'on commence à compter les divisions; ce parallélipipède doit être mobile sur un clou ou pivot, en sorte qu'il puisse s'incliner à l'horizon sans sortir du même plan vertical; ce qui est très-commode, et même nécessaire quand on veut pointer à un objet élevé ou abaissé au-dessous de l'horizon, et reconnaître la direction de son gisement, par rapport aux régions du monde.

La géométrie-pratique tire de grands avantages de la boussole, pour lever, d'une manière expéditive, les angles sur le terrain, faire le plan d'une forêt, d'un marais innaccessible, déterminer le cours d'une rivière, et lever même une très-grande étendue de pays.

Bout. s. m. Relever à bout une chaussée en pavés, c'est faire la recherche des endroits défectueux et remettre des pavés.

Boutisse. s. m. Pierre dont la plus longue dimension est dans l'épaisseur du mur.

Bouzin. s. m. C'est le tendre du lit d'une pierre qu'on ne doit point employer en maçonnerie.

Brique. s. f. Sorte de pierre plate, factice, de couleur rougeâtre, composée d'une terre grasse, pétrie et moulée en carré long, ensuite cuite au four, pour lui faire prendre la consistance nécessaire : on lui donne communément 8 pouces de long, 4 de large et 2 d'épaisseur.

La brique est aussi ancienne que l'art de bâtir; du moins, elle est entrée dans la construction des premiers monumens d'architecture dont l'histoire fasse mention; c'est le premier des matériaux solides que l'on y ait employés; son usage a passé dans tous les pays, et une grande quantité des ponts, des quais des départemens méridionaux sont construits en briques.

Brise-glace. s. m. On donne ce nom à un ou plusieurs rangs de pieux placés du côté d'amont, et au-devant d'une pile de charpente ou palée, pour la défendre des glaces et des heurtemens des corps d'arbres que les inondations entraînent. Les pieux des brise-glaces sont d'inégales grosseurs, en sorte que le plus petit sert d'éperon; ils sont couverts d'un chapeau rampant qui les tient assemblés pour briser les glaces et conserver la palée.

On fait aussi des brise-glaces maçonnés; mais soit qu'on les ait construits en charpente ou en maçonnerie, ils doivent être, à peu près, de la largeur des piles ou des palées des ponts qu'ils contre-gardent. On ne peut donner aucune règle fixe sur leur construction, dont le mode est toujours déterminé par les localités. Les avant-becs, dans les ponts de maçonnerie, sont de véritables brise-glaces.

Busc. s. m. Assemblage de charpente, composé d'un seuil, des heurtoirs contre lesquels s'appuie le bas des portes d'une écluse avec un poinçon, qui joint ensemble le seuil avec les heurtoirs et avec quelques liens de bois pour entretenir le tout.

On dit une porte busquée, quand elle est revêtue de cet assemblage de charpente, et que les ventaux s'arc-boutent réciproquement, s'ouvrant et se fermant à volonté pour l'écoulement des eaux et le passage des bateaux.

Le seuil repose sur la maîtresse traversine, servant de ventière à la file de palplanches qui se trouve dessous. Sa longueur excède de trois pieds de chaque côté la largeur de l'écluse, afin que les bouts soient bien enclavés dans les bajoyers: c'est ordinairement dans cette pièce que sont encastrées les crapaudines des pivots des portes.

Buter. v. a. C'est, par le moyen d'un arc ou pilier butant, contenir ou empêcher la poussée d'un mur, ou l'écartement d'une voûte. On appelle *butée* l'effet de cet arc ou pilier butant.

Ce pilier ou arc-boutant, doit être proportionné à la poussée qu'il a à soutenir. Voyez *Poussée des voûtes*, *Poussée des terres*.

C.

Cabestan. s. m. Cylindre vertical, percé de plusieurs trous à son extrémité supérieure, pour y passer les barres ou leviers avec lesquels on le fait tourner à force de bras : il a un pivot à son extrémité inférieure. L'une et l'autre extrémités sont armées de frettes de fer : on se sert de cette machine sur terre pour attirer de grands fardeaux.

Le Cabestan présente un grand inconvénient : quand la corde qui se roule dessus et qui descend de sa grosseur à chaque tour, est parvenue tout-à-fait au bas du cylindre, alors le Cabestan ne peut plus virer, et l'on est obligé de chaquer, c'est-à-dire de prendre des bosses, de dériver le cabestan, de hausser le cordage, etc. : cette manœuvre fait perdre un temps considérable.

Le Cabestan n'est, à proprement parler, qu'un levier ou un assemblage de leviers auxquels plusieurs puissances sont appliquées. Or, suivant les lois du lévier et abstraction faite du frottement, la puissance est au poids comme le rayon du cylindre est à la longueur du levier auquel la puissance est attachée, et le chemin de la puissance est à celui du poids comme le levier est au rayon du cylindre : moins il faut de force pour élever le poids, plus il faut faire de chemin ; il ne faut donc pas faire les leviers trop longs, afin que la puissance ne fasse pas trop de chemin, ni trop courts, afin qu'elle ne soit pas obligée de faire trop d'efforts ; car dans l'un et l'autre cas, elle serait trop fatiguée.

Le Cabestan peut s'appeler indifféremment Treuil ou Vindas, suivant les différentes applications qu'on en fait. Lorsque le tour ou rouleau sur lequel la corde s'enroule est posé de niveau, on l'appelle communément *Treuil*, et l'on applique la puissance qui le fait mouvoir, ou aux bras ou aux chevilles de la roue ; mais lorsque le tout est posé à plomb, suivant l'expression des ouvriers, ou bien perpendiculairement à l'horizon, on appelle la machine *Vindas* ou *Cabestan*.

Le Treuil avec la roue s'applique plus particulièrement aux grues avec lesquelles on élève les grosses pièces dans les édifices, et dont le câble est arrêté en quelque endroit du tour dans lequel il s'enroule. Voy. *Grue*.

Caillou. s. m. En latin *Silex* : c'est la pierre à fusil. Le Caillou n'est pas transparent dans toute son épaisseur, mais il a une demi-transparence à sa surface, et il est poli dans toutes ses cassures.

Cette pierre est excellente dans la construction des chemins ferrés ; les Romains en faisaient usage ainsi que nous le verrons à l'article *Chemin*.

Caler. v. a. C'est arrêter la pose d'une pierre en plaçant dessous une cale de bois mince, qui détermine la largeur du joint, pour la ficher ensuite avec facilité.

Calquer. v. a. C'est transporter un dessin d'un papier sur un autre. On emploie pour calquer différens moyens, dont celui-ci est le plus facile.

On frotte le revers d'un dessin de pierre noire, qu'on applique ensuite sur le papier blanc qui doit recevoir le dessin ; on suit tous les contours du dessin avec une pointe ferme, mais un peu émoussée : par ce moyen, le trait s'imprime sur le papier blanc. Quand on a calqué, on met le dessin au net.

Calquoir. s. m. Pointe dont on se sert pour calquer: elle doit être émoussée, ou bien un peu arrondie, de manière qu'elle ne puisse ni piquer, ni couper.

Camions. p. m. Ces petites voitures servent avantageusement à transporter les déblais de terre qu'on est obligé de faire pour régler les pentes des chemins. Les roues ne doivent pas avoir plus de trois pieds et demi de dehors en dehors. L'essieu traverse le camion à peu près par son milieu, un peu au-dessous du centre de gravité, et sa capacité est telle qu'elle peut contenir sept pieds cubes lorsqu'il est bien conditionné. L'essieu du camion le traversant un peu au-dessous du centre de gravité, est retenu par un des côtés, au moyen d'un crochet, qui, étant levé, abandonne la caisse à son poids excentrique, et lui permet de se renverser sous le plus léger mouvement d'impulsion du conducteur.

Canal. s. m. Lit naturel ou artificiel d'une rivière ou d'un ruisseau; mais ce mot s'applique plus particulièrement à un lit creusé par la main des hommes, et qui sert de communication d'un pays à un autre, par le moyen de bassins, de réservoirs et d'écluses.

Un projet de canal est un des ouvrages le plus important, et peut-être le plus difficile qu'un Ingénieur puisse entreprendre. Il ne s'agit pas de pratique, tout est théorie, tout est science; on ne s'avance qu'à force de raisonner, il faut vaincre des obstacles sans cesse renaissans, et ce n'est qu'en réunissant les connaissances profondes de l'Ingénieur, dans les travaux préliminaires, que l'on peut compter sur le succès de l'exécution.

Le choix du terrain par lequel doit passer un canal, pour arriver d'un terme à un autre, est d'une extrême importance, puisque de ce choix dépendent l'économie et la solidité de l'ouvrage. Il n'en est pas des canaux comme des grands chemins, qu'il convient de diriger en droite ligne, autant qu'il est possible; ici il y a des inconvéniens qu'il faut prévoir. On parviendra à s'en garantir par un examen exact de la situation du pays dans tous les endroits où le canal peut être conduit; il ne faut pas épargner les nivellemens qui peuvent en donner une parfaite connaissance. Les sondes doivent être fréquemment répétées, pour juger de la qualité du terrain sur la profondeur où il faudra fouiller, et éviter, s'il est possible, les cantons marécageux et les bancs de pierre d'une trop grande étendue, dont la fouille jetterait dans une excessive dépense.

Quand on veut joindre deux rivières par un canal qui doit traverser un pays de plaines, et qu'une des rivières se trouve supérieure à l'autre, ce qui arrive souvent, on n'est point en peine d'avoir assez d'eau pour remplacer celle que dépenseront les écluses, parce qu'il est à présumer que la rivière supérieure en fournira suffisamment.

S'il arrive, au contraire, que le pays qui sépare deux rivières ou deux mers, se trouve, comme au canal du Languedoc, bien plus élevé que chacune d'elles, prises aux endroits où l'on veut les joindre, il faut alors que le canal, au lieu d'aller toujours en descendant d'une extrémité à l'autre par les chutes que forment les écluses, ait son point de partage entre les mêmes extrémités, et que le reste soit divisé en deux parties, chacune d'elles descendant par cascade vers le terme où elle doit aboutir.

Il faut donc, quand on veut former le projet d'un canal qui se trouve dans ce cas : 1.° commencer par chercher l'emplacement le plus favorable au point de partage ; 2.° qu'il soit inférieur à tous les endroits d'où l'on pourra tirer des eaux de sources, rivières, ruisseaux, qu'on sera le plus à portée d'y conduire par des rigoles ; 3.° que ces eaux soient intarissables, et assez abondantes pour fournir, dans le courant de l'année, surtout dans les temps de sécheresse, non-seulement à une navigation proportionnée au commerce qu'on a lieu d'attendre du canal projeté, mais même à toute la consommation qui se fera par transpiration, évaporation et pertes par les portes d'écluses ; 4.° pour avoir plus d'assurance, il faut avoir encore un tiers de ces eaux au-delà de l'estimation qu'on aura faite de la consommation totale, puisque le succès du canal dépend de leur abondance.

Pour naviguer sur un canal tel que celui dont nous parlons, et où il faut que les bateaux montent, ensuite redescendent, on croit communément que la consommation de chacun ne va qu'à deux éclusées, l'une pour l'entrée, l'autre pour la sortie; ce qui n'est vrai que dans le cas où les écluses seraient continuellement chargées: mais si, pour soulager leurs portes, on ne veut pas que les sas soient toujours remplis d'eau, la dépense sera bien plus considérable, tant pour la montée que pour la descente. En effet, la même écluse suffira pour faire descendre un bateau plusieurs chutes de suite, dès que les sas seront de pareille grandeur, parce qu'en vidant la supérieure on remplit l'inférieure; au lieu qu'on ne peut faire passer du sas inférieur, successivement dans les supérieurs, qui ne se remplissent qu'aux dépens du point de partage: c'est pourquoi il faut avoir égard à ces circonstances dans l'estimation que l'on fera de la consommation des eaux.

Après avoir estimé les eaux que le canal dépensera par le passage des bateaux par les écluses, il faut estimer la perte que feront les eaux, par les évaporations, qui vont à peu près à trente-deux pouces de hauteur d'eau, année commune. Voy. *Évaporation*.

Il faut aussi avoir égard aux transpirations qui dépendent de la nature du terrain où seront situés les réservoirs du point de partage, et le canal lui-même: c'est à l'Ingénieur à bien l'étudier.

Il faut estimer la vîtesse des eaux des rigoles, afin d'en régler la pente.

Pour éviter les inconvéniens qui peuvent arriver en voulant dévier les eaux d'un fleuve, afin de les introduire dans un canal, il faut faire à l'embouchure, une écluse qui facilitera, en tout temps, le passage des bateaux, et faire en sorte qu'elle ne s'encombre point par le limon des eaux troublées ou l'introduction des graviers: précaution importante.

Un Ingénieur doit donc considérer, dans le projet d'un canal; 1.° l'objet pour lequel le canal est fait, afin de connaître la quantité d'eau dont on aura besoin, relativement à son usage; 2.° calculer les volumes d'eau que les rigoles pourront amener au grand réservoir, afin d'en comparer la quantité avec la consommation, les pertes déduites; 3.° bien étudier la nature des différens terrains par où le canal doit passer; 4.° rechercher et discuter sans prévention tous les obstacles qui peuvent se rencontrer dans l'exécution, et enfin calculer la dépense, pour savoir si elle est en rapport avec les avantages qu'on peut en retirer.

Pour parvenir à connaître cette dépense, il faut diviser en plusieurs parties la longueur totale du canal; ces parties seront déterminées par des endroits marquans, comme rivières, étangs, villes, bourgs, etc. Dans chacune de ces parties, on marquera la longueur et la profondeur des déblais pour le canal, les contre-fossés, rigoles, etc.; la nature du terrain avec le produit de la fouille, écrit en marge, et la manière dont les terres devront être employées suivant leur qualité. On y fera encore mention de la disposition et de la valeur des chutes, distribuées le mieux qu'il sera possible, pour ne pas faire des fouilles inutiles, aussi bien que des sas accolés ou séparés des aqueducs, réservoirs et écluses, pour l'entrée et la sortie des eaux, que le canal recevra par les côtés; des ponts de maçonnerie et de charpente, en un mot de tous les ouvrages qui doivent avoir lieu sur la longueur du canal.

Ces attachemens serviront à établir les prix de chaque nature d'ouvrage, afin que leur totalité, jointe à ce qui appartient à la fouille des terres, aux indemnités du terrain, donne un aperçu de la dépense générale de l'entreprise.

Caniveaux. p. m. Sont les plus gros pavés qui, étant assis alternativement avec les contre-jumelles, traversent le milieu d'un ruisseau d'une rue ou d'un chemin pavé.

Carmin. s. m. Couleur d'un rouge très-vif, dont on se sert pour le lavis des plans.

Pour faire le carmin, prenez cinq gros de cochenille, demi-gros de graine de chouan, dix-huit grains d'écorce d'autour, et autant d'alun de roche; faites bouillir cinq livres d'eau de rivière, dans un pot d'étain ou de terre vernissée qui soit neuf; pendant qu'elle bout, versez-y le chouan, et après trois ou quatre bouillons, vous la passerez par un linge: remettez cette eau bouillir, et alors versez-y la cochenille; après quatre bouillons, pendant lesquels il faut toujours remuer, mettez-y l'autour, et un instant après l'alun, toujours en remuant : alors retirez le pot du feu, passez le tout promptement par un linge, dans un plat de faïence ou de verre. Au bout de huit jours que vous aurez laissé reposer, il faut verser l'eau par inclinaison. Le limon qui reste au fond du plat est le carmin : on le laisse sécher à l'ombre, en le garantissant de la poussière.

Si on laisse trop bouillir la liqueur, après que l'alun a été mis, on aura du cramoisi au lieu de carmin.

Carrière. s. f. Lieu d'où l'on tire la pierre.

Les carrières qu'on ouvre, surtout près des grandes routes, peuvent être la source de très-grands malheurs; les Ingénieurs ne peuvent donc tenir trop la main à l'exécution des réglemens, en obligeant les Entrepreneurs à combler les carrières qu'ils ont été forcés d'ouvrir pour leurs travaux.

Un arrêt du conseil du 23 décembre 1690, défend d'ouvrir des carrières, si ce n'est à quinze toises des grands chemins, et enjoint de combler de suite les trous abandonnés.

Ces réglemens ont été maintenus par différentes lois et par les gouvernemens successifs; les Ingénieurs doivent avoir soin de les rappeler dans leurs devis, et tenir la main à ce que les Entrepreneurs s'y conforment. *V. Police des routes.*

Carriers. s. m. Ouvriers qui travaillent dans les carrières à en tirer ou couper les pierres.

Les Carriers se servent de marteaux de différentes grosseurs, qu'on appelle *mail*, *mailloche*, *pic*, etc.; et d'un grand levier en fer, que l'on appelle *barre* : quelquefois aussi on se sert de poudre à canon.

Carte. s. f. Description géographique d'un pays : il y a différentes manières de faire cette description; celle qui s'opère par les triangles est la plus exacte. *V. Triangle.*

Carton. s. m. Se dit d'un contour chantourné sur une feuille de carton ou de fer-blanc, ou même sur du bois, pour tracer les profils des corniches, et pour lever les panneaux de dessus l'épure. Ces cartons sont très-nécessaires dans la construction des ponts pour la coupe des voussoirs.

Cassis. s. m. On appelle cassis un double revers de pavé pratiqué dans le bas-fond d'un chemin qui sert à faire écouler les eaux à travers une chaussée. Ces cassis sont d'un mauvais usage; il ne faut les employer que lorsqu'on ne peut pas faire autrement.

Centre. s. m. Dans un sens général, marque un point également éloigné des extrémités d'une ligne, d'une figure, d'un corps, ou le milieu d'une ligne ou d'un plan par lequel un corps est divisé en deux parties égales.

— *D'un cercle.* C'est le point du milieu du cercle, situé de façon que toutes les lignes tirées de là à la circonférence sont égales.

— *De gravité*, est un point situé dans l'intérieur d'un corps, de manière que tout plan qui y passe, partage le corps en deux segmens qui se font équilibre, c'est-à-dire, dont l'un ne peut pas faire mouvoir l'autre. D'où il suit que, si l'on empêche la descente du centre de gravité, c'est-à-dire, si l'on suspend un corps par son centre de gravité, il restera en repos.

On a coutume de concevoir toute la

pesanteur d'un corps dans ce seul centre, sans qu'il y ait aucune pesanteur dans toutes les autres parties.

CENTRIPÈTE, CENTRIFUGE, adj. t. g. Si l'on suppose qu'un corps se meuve sur la circonférence d'un cercle, c'est-à-dire, sur un polygone, d'une infinité de côtés, il est évident que ce corps décrira à chaque instant un de ces petits côtés; et que, par conséquent, ce corps tendra dans tous les instans à s'échapper, suivant leur direction : de cet effort il en résulte nécessairement un autre, celui de s'éloigner du centre, c'est cet effort qu'on appelle *force centrifuge*.

Si l'on conçoit maintenant une force continuellement appliquée à ce corps, qui, à chaque instant, l'oblige à se détourner et à parcourir, par des détours infinis, la circonférence du cercle, cette force ainsi appliquée continuellement, s'appelle *force centripète*.

Il suit de ces deux notions qu'on peut prendre indifféremment la force centripète pour la force centrifuge, et réciproquement, puisque ces deux forces sont toujours égales entre elles.

Cercle. s. m. Figure plane, renfermée par une seule ligne qui retourne sur elle-même, et au milieu de laquelle est un point, situé de manière que les lignes qu'on en peut tirer à la circonférence sont toutes égales.

A proprement parler, le cercle est l'espace renfermé par la circonférence.

Toute partie de la circonférence est appelée *arc* : toute ligne droite terminée de part et d'autre par la circonférence est appelée *corde* ou *sous-tendante*.

Si la corde passe par le centre, elle s'appelle *diamètre*.

Toute ligne tirée du centre à la circonférence se nomme *rayon*.

Si du même centre on décrit plusieurs circonférences, elles s'appellent *concentriques*.

Tous les rayons d'un cercle sont égaux ; tous les diamètres le sont aussi.

Dans un cercle, les cordes égales soutiennent des arcs égaux, et des arcs égaux des cordes égales. Le plan que nous avons embrassé nous empêche d'entrer dans des détails que l'on est à même de trouver dans tous les ouvrages de géométrie.

Cercle d'Arpenteur. Instrument dont on se sert pour prendre les angles.

Chaîne. s. f. De pierre, pilier de pierre, élevé à plomb dans un mur de maçonnerie pour le fortifier.

— *Ou barrière.* Chaînes de fer rond, d'un pouce de gros, qu'on attache au sommet d'une file de bornes espacées également : on peut les établir le long des quais ; elles peuvent même, quelquefois, servir de parapet à un pont.

— *Pour la levée des plans.* C'est l'assemblage de plusieurs bouts de fil de fer, d'environ un pied de long, liés les uns aux autres par des anneaux de cuivre, dont on forme une mesure de plusieurs toises ou mètres, pour servir, dans la levée des cartes, à toutes les opérations de géométrie pratique.

Chanfrein. s. m. Petite surface formée par l'arête abattue d'une pierre ou d'une pièce de bois.

Chantepleure. s. f. Espèce de barbacane, ou ventouse, pour servir, dans un mur de soutenement en chaussée, à l'écoulement des eaux.

Chantignole. s. f. Petit corbeau de bois, sous une moïse, dans un pont de bois, etc., entaillé et chevillé, afin d'assurer une palée de pont.

Chapeau. s. m. Une pièce de bois attachée avec des chevilles de fer, sur la couronne d'une file de pieux, soit dans un batardeau, soit dans une chaussée ou pont de charpente. En général, c'est la dernière pièce de bois horizontale ou de niveau, qui termine ou couronne un pan de bois.

Chapelet. s. m. Se dit d'une pompe qui va par le moyen d'une chaîne sans fin, garnie de godets ou de clapets qui trempent dans l'eau, et se remplissent avant que d'entrer dans un tuyau creux, d'où ils sortent par l'autre bout, et se vident dans le réservoir. Comme il est nécessaire que ces godets entrent un peu juste dans le tuyau montant, il se fait plus de frottement dans ces pompes que dans toutes les autres. Cette chaîne est écartée dans son chemin, et pour entrer perpendiculairement dans le tuyau montant, et pour se vider dans le réservoir, il faut qu'elle tourne et s'accroche sur deux hérissons ou rouets à crocs, placés à ses extrémités; son mouvement doit être plus accéléré qu'aux autres pompes, pour ne pas donner à l'eau le temps de descendre.

Chariot. s. m. Ce mot indique généralement toutes les machines qui servent à traîner, comme charrette, brouette, traîneau, etc.

L'usage des voitures roulantes destinées à transporter de lourds fardeaux est si ancien qu'il serait étonnant qu'elles n'eussent pas toute la solidité qui leur est nécessaire, et toutes les commodités qu'on en peut attendre.

On peut bien penser que les Egyptiens en firent usage dans les grands travaux qu'ils exécutèrent.

Les voitures ou machines propres à transporter les fardeaux, et qu'on appelait chez les Latins *plaustrum*, étaient une espèce de charrette ou fourgon à deux roues et quelquefois à quatre, qui servait à porter des charges.

Les anciens connaissaient aussi l'usage des petits chariots à une roue que nous appelons *brouettes*, et qui ne portaient, comme aujourd'hui, que de petites charges.

CHASSIS. s. m. Espèce de carré composé de quatre tringles de bois assemblées, dont l'espace intermédiaire est divisé par des fils en plusieurs petits carrés, semblables aux mailles d'un filet. Il sert à réduire les dessins de grand en petit, et de petit en grand.

CHATAIGNIER. s. m. Cet arbre, par sa nature et son utilité, doit tenir le premier rang parmi les arbres destinés à la charpente, et ce n'est qu'au chêne seul, qu'il doit céder, quoiqu'à quelques égards, il ait des qualités qui manquent au chêne. L'accroissement du châtaignier est du double plus prompt, il jette plus en bois, il réussit à des expositions et dans des terrains moins bons, et il est bien moins sujet aux insectes. On voit beaucoup d'anciennes charpentes en châtaignier, qui semblent sortir des mains de l'ouvrier.

CHAUFOURNIER. s. m. Le Choufournier est l'ouvrier qui prépare la chaux vive, en faisant calciner les pierres propres à se convertir en chaux, dans un four pratiqué pour cet usage.

CHAUSSÉE. s. f. On appelle chaussée,

toutes sortes de chemins pavés ou non pavés, pourvu qu'ils soient bordés de fossés ou de berges, ou de mur de soutenement pour les retenir au-dessus du niveau de la campagne. Les levées de terre et turcies qui servent de chemins, et empêchent les rivières d'inonder les plaines, sont appelées aussi *chaussées ;* mais le terme de chaussée est particulièrement applicable à l'espace bombé qui est entre les revers ou les accotemens dans une grande route, et qui est pavé ou empierré. Voyez *Chemin*.

Chaux. s. f. Produit de la calcination des pierres et des terres calcaires.

La pierre calcaire est opaque, grenue, d'un blanc jaunâtre : elle renferme souvent des coquilles ; elle n'est point susceptible de poli ; elle est insoluble dans l'eau. Ses caractères extérieurs sont en général de ne point faire feu avec le briquet, de faire effervescence avec les acides, de devenir chaux vive par la calcination, d'absorber une certaine quantité d'eau quand on l'humecte, de prendre la consistance de pâte, sans avoir jamais la ductilité de l'argile et de se désunir en séchant.

Au chalumeau cette pierre se calcine,

devient chaux, et acquiert la propriété de se dissoudre dans l'eau.

Les marbres ont pour base la terre calcaire, mais mêlée d'argile et de chaux de fer, excepté les marbres blancs, qui sont d'une seconde formation.

Chemin. s. m. Quoique l'origine des grands chemins soit ensevelie dans la plus profonde antiquité, il n'est pas moins naturel de penser qu'il y en a eu dans les premiers âges du monde, et qu'ils se sont augmentés à proportion que les établissemens des hommes se sont multipliés et étendus d'un pays à un autre. Les besoins communs leur ont successivement fait connaître la nécessité de les conserver; d'où l'on peut présumer qu'il y a eu, dans tous les temps, une administration de cette partie; mais celle des temps reculés nous est entièrement inconnue.

Ce n'est que dans les beaux jours de la Grèce que l'on commença à sentir l'importance que l'on devait attacher aux grands chemins. Le sénat d'Athènes s'en réservait la surveillance. Lacédémone, Thèbes, et d'autres principales villes ne la confiaient qu'aux plus grands personnages, qui avaient sous eux un grand nombre d'officiers pour les aider dans ces importantes fonctions. Les Grecs reconnaissaient des Dieux tutélaires des voies publiques, et leur décernaient un culte superstitieux. Mercure, particulièrement, était honoré comme Dieu des voyageurs; et l'on ne se mettait point en route sans avoir adressé ses prières à ce Dieu protecteur des chemins; ce qu'il y a de singulier, c'est que Mercure était aussi le Dieu protecteur de ceux qui détroussaient les voyageurs. Mais les travaux et les dépenses que les Grecs auraient pu faire pour ces ouvrages, n'ont jamais répondu à toutes ces belles prérogatives. Nous ne trouvons nulle part qu'ils se soient attachés à la solidité ni aux embellissemens des grands chemins; ils ne les ont pas même fait paver, quoique les Carthaginois leur en eussent donné l'exemple.

Loin de négliger cet exemple, les Romains en ont profité avec un tel avantage, que rien n'a mieux fait connaître la grandeur et la puissance de ce peuple, que les ouvrages des grands chemins: l'histoire nous en donne la tradition. Ni le temps, ni les conquérans dévastateurs n'ont pu en anéantir entièrement les preuves : ces chemins subsistent encore en partie, pour nous servir de modèles et d'encouragement.

Les Censeurs ont été les premiers magistrats qui aient fait travailler aux grands chemins. C'est en cette qualité qu'Appius, surnommé l'*aveugle*, fit faire la voie Appienne ; les voies Claudienne, Cassienne ont pris le nom de celui des Censeurs qui y fit travailler.

Les Consuls s'emparèrent ensuite de l'administration des chemins, la regardant comme un des plus beaux priviléges de leur place. Les voies Flaminienne et OEmilia furent construites par les ordres de Flaminius et de Lépidus, consuls.

Par la suite, on créa des commissaires, sous le nom de *Curatores viarum*, dont les seules fonctions étaient de veiller à la construction des grandes routes et à leur entretien. Jules-César fut, je crois, un des premiers honoré de ce titre ; et on n'éleva par la suite, à cette dignité, que les hommes du plus grand mérite. Cette charge était si honorable, que Pline le jeune, tressaillit de joie en apprenant que Cornutus Tertullus, son ami, avait été nommé curateur de la voie Flaminienne.

On fit dresser, en l'honneur de César-Auguste, pour avoir réparé la voie Flaminienne, depuis Rome jusqu'à Rimini, deux arcs-de-triomphe, qui furent placés aux deux extrémités de son ouvrage, l'un dans Rome, sur le pont d'Antibes, et l'autre à Rimini.

Plusieurs de ces monumens, élevés à la mémoire des Empereurs qui se sont occupés des travaux publics, sont encore debout, pour attester la reconnaissance des peuples.

Les mêmes honneurs furent accordés aux successeurs d'Auguste, Vespasien et Trajan, pour les mêmes motifs. Ce n'était point aux vainqueurs du monde qu'on élevait ces arcs-de-triomphe, c'était aux réparateurs des grandes routes.

Les Romains ne purent résister aux efforts des peuples qui se soulevèrent contre eux, et ce vaste empire fut écrasé sous le poids de sa grandeur. Ce fut là, comme on peut le penser, l'époque de la décadence de l'administration des grands chemins. Les nouveaux conquérans négligèrent leurs réparations ; les ponts tombèrent faute d'être entretenus ou furent démolis par les barbares. Les Français qui survinrent, fondèrent leur empire sur les débris de ce colosse politique, dont l'existence n'était plus qu'un songe. Il ne faut pas s'attendre à voir les Français s'occuper de la construction et de l'entretien des chemins ; un peuple conquérant est, par caractère, dévastateur ; il ne se plaît que dans les ruines. Charlemagne est le premier de nos rois qui ait donné une attention plus particulière aux grands chemins. Après avoir conquis l'Allemagne, l'Italie, une partie de l'Espagne, il sentit la nécessité d'établir des communications faciles dans toutes les parties de son vaste empire ; c'est pourquoi il s'appliqua à relever les anciennes voies militaires, et chargea les plus grands seigneurs de sa cour du soin d'en surveiller les travaux.

Il employa, comme les Romains, ainsi que nous allons le voir, les troupes et les peuples, à la construction des chemins ; mais ces travaux si importans cessèrent avec son règne. Louis-le-Débonnaire et quelques-uns de ses successeurs voulurent suivre le même plan; mais ils n'avaient pas le génie de Charlemagne ; et d'ailleurs, des guerres étrangères, des guerres intestines firent tout tomber dans la confusion.

Philippe-Auguste avait senti, ainsi que Charlemagne, la nécessité de refaire les chemins et de les réparer. Il envoya dans les provinces des commissaires pour surveiller cette partie d'administration ; mais comme ces commissaires ne remplirent pas ses vues, il les supprima, et la surveillance des ponts et chaussées fut rendue aux juges ordinaires qui en connaissaient auparavant: mais les grandes routes ne furent pas mieux administrées par les tribunaux que par les commissaires; et sous Charles VI, les dégradations des chemins, des canaux, des ponts, furent portées à un tel excès, qu'il n'existait, pour ainsi dire, plus de communication entre les provinces. Les seigneurs, les moines, qui jouissaient presque tous des droits de péage, recevaient sans faire aucune réparation. Ce fut à peu près vers ce temps-là, que les trésoriers de France commencèrent à connaître des réparations des chemins et des ponts. Une ordonnance de Louis XII, prescrivit à tous les tribunaux de contraindre, par tous les moyens, les propriétaires des péages, pavages et barrages, à l'entretien des chemins, ponts, etc., etc. Enfin, en 1583, la connaissance et la surveillance des ponts et chaussées, fut attribuée aux juges des eaux et forêts, sans qu'ils fussent mieux entretenus. La corvée était cependant déjà établie comme étant le seul moyen qu'on pût alors employer pour l'entretien des routes.

Les choses restèrent à peu près dans cet état, jusqu'au règne de Henri le Grand, qui s'occupa particulièrement de cette partie essentielle. Aussitôt qu'il se vit paisible possesseur de ses États, il commença par créer un Grand-Voyer de France, pour administrer sous ses ordres. Ce Prince s'attacha ensuite à établir un bon ordre dans le maniement des fonds; mais il mourut trop tôt; Louis XIII ne pouvait mieux faire que de suivre les intentions de son prédécesseur; et pour assurer l'emploi des fonds affectés, dans chaque province, aux travaux des ponts et chaussées, il créa des offices de Trésoriers-généraux.

Leurs fonctions étaient de passer les adjudications, d'assister au toisé et à la reddition des ouvrages, d'en tenir registres, etc., etc. Ces offices furent supprimés, et en 1713, il fut créé seulement un office de Directeur général; on augmenta le nombre des Ingénieurs provinciaux, et on nomma des Inspecteurs généraux pour visiter les chemins.

Aujourd'hui cette administration est composée d'un Directeur-général, d'un conseil formé par MM. les Inspecteurs-généraux, dont la résidence est à Paris; de cinq Inspecteurs divisionnaires, appelés à cet effet à Paris, et d'un secrétaire Ingénieur en chef.

Les Ingénieurs forment un corps composé d'Inspecteurs divisionnaires, ayant un certain nombre de départemens sous leur surveillance; d'Ingénieurs en chef, dont le nombre égale celui des départemens, et d'un grand nombre d'Ingénieurs ordinaires qui surveillent les travaux sous les ordres des Ingénieurs en chef.

On distinguait chez les Romains, trois sortes de chemins principaux; savoir: les chemins militaires ou chemins publics, *viæ militares*, ou *viæ publicæ*, qui allaient de Rome à toutes les grandes villes de l'Empire.

Les chemins qu'on appelait *viæ vicinales*, qui allaient d'une ville à un bourg ou village; et les chemins privés, *viæ privatæ* ou *agrariæ*, qui servaient de communication pour aller à certains héritages: ce que nous appelons aujourd'hui *chemins communaux*.

Les modernes ont à peu près la même division; nous allons nous occuper des chemins royaux, ou de 1.re classe.

La largeur de ces chemins a été réglée difinitivement, par l'arrêt du conseil du 3 mai 1720, à 60 pieds, et celle des autres chemins publics, à 36 pieds. On n'observe pas toujours cette largeur. V. *Police des routes*.

Je vais donner les différentes manières de construire les chemins, selon la nature des lieux où ils passent.

On construit les chemins dans la plaine ou à mi-côte; leur forme est bombée, plate ou creuse.

La partie du chemin qu'on appelle

chaussée est faite en pavé ou en empierrement.

Un Ingénieur ne doit jamais commencer à tracer une route sans avoir préalablement parcouru plusieurs fois toute la longueur du pays par différens endroits. Lorsqu'il en a déterminé la direction, il doit fixer les principaux lieux par où elle doit passer; en mesurer les distances, exprimées dans la mesure des toises courantes, la qualité du terrain, sa disposition, les lieux difficiles, les rivières et ravines qu'il y a à traverser; les ponts, chaussées, murs de soutenement qu'il y aura à faire, leur dimension, etc., etc. afin que, sur ce détail, on puisse faire sur-le-champ une estimation juste de la longueur de la route et des travaux à ordonner.

Ce travail préliminaire achevé, on doit dresser le devis, où l'on détermine la nature de tous les travaux et ce qu'ils coûteront.

DANS LA PLAINE.

La position, la longueur et la largeur du chemin étant déterminées, on trace dans cet espace des fossés propres à recevoir la fondation des murs qui doivent soutenir le terrain. Quelquefois il est nécessaire d'établir des murs de soutenement.

La terre que l'on tire du fossé et celle qui fait place à la fondation des murs, doivent être jetées dans le milieu du chemin entre les deux murs; en sorte qu'elle fasse une pente fort douce de chaque côté: c'est le bombement du chemin. Cette pente doit être réglée par un piquet, planté dans le milieu de la chaussée. Après avoir déterminé la hauteur des murs de soutenement par d'autres piquets plantés au-dessus du rez-de-chaussée de la plaine, on aligne la hauteur des pentes qui doivent terminer l'aire du chemin.

La maçonnerie des murs de soutenement doit être fondée quelques pouces plus bas que le fond du fossé qu'on doit faire, afin d'éviter que les fondations ne soient dégravoyées par le courant des eaux du fossé. Dans l'emploi des matériaux, on observera de conserver les plus grosses pierres et les plates pour le fondement des murs, assises seulement sur le terrain, sans mortier; et, sur cett e as sise, on posera le mortier, pour y ranger la seconde assise. Le mur de soutenement doit être couronné de pierres plates couchées de champ.

Sur l'intervalle de 60 pieds, on prend, pour la chaussée 18 pieds, 24 pieds pour les accotemens de part et d'autre, et le surplus sert pour les fossés et les berges.

Lorsque l'espace déterminé pour la chaussée est préparé, on pose le couchis, qui est le sable ou le terrain graveleux.

CHAUSSÉE PAVÉE.

On se sert en France de trois sortes de pavés : la première espèce et la plus belle est celle de grès ; ce sont des pierres taillées à éclats, avec le marteau, de 7 à 8 pouces en tous sens, qui forment comme autant de dez dont on pave en plusieurs endroits les chaussées, et particulièrement du côté de Paris.

La deuxième espèce est celle des cailloux de rivière.

La troisième, celle des pavés à pierre de rencontre.

Tous ces pavés se posent sur la forme

de la chaussée, préparée et alignée sur un couchis de sable de 7 à 8 pouces d'épaisseur; le sable de rivière est préférable à celui de mine.

On doit battre, auparavant, l'aire de la forme sur laquelle le pavé doit être assis, et le bombement de cette forme doit être celui que l'on doit donner à la chaussée en pavé : ce bombement est ordinairement de 6 pouces.

Les bordures du pavé doivent être posées en carreaux et boutisses alternativement, chacune de 15 à 18 pouces de long, de 12 à 15 pouces de large, et d'un pied de hauteur environ.

On doit assurer l'aire du pavé par des traverses en pavés, de même échantillon que les bordures; ces traverses parcourent le chemin, tantôt en écharpe, et tantôt carrément sur sa largeur, suivant la disposition des lieux; contre ces traverses on plante le pavé ou caillou, et quand, par l'usage, les pavés se désunissent, la suite de la désunion ne peut pas se faire sentir au-delà des traverses qui doivent être espacées de deux toises au plus.

CHAUSSÉE D'EMPIERREMENT.

Lorsqu'on n'a point de pavé, les chemins se construisent en empierrement, et c'est, je crois, la meilleure construction, quand elle est suivie avec soin.

La largeur de la route doit être préparée, ainsi que je l'ai indiqué plus haut, en laissant 12 pieds d'accotement de chaque côté de la chaussée, en creusant le lit d'empierrement de 12 pouces, bombé de 6 pouces. Cette même pente prolongée dans les accotemens pour faciliter l'écoulement des eaux, on établira de chaque côté de la chaussée un rang de fortes bordures, suivant les pentes que je viens d'indiquer; les pierres auront au moins 10 à 12 pouces d'épaisseur. Elles seront posées de droit alignement en dehors et inclinées à 45 degrés du côté de l'encaissement. Cette méthode d'incliner les bordures vers l'intérieur n'est pas suivie par les ouvriers, qui, au contraire, les inclinent en dehors. C'est cependant de cette inclinaison que dépendent la bonne tenue des bordures, et la solidité de la chaussée; ces bordures sont ensuite recouvertes par le cailloutis de la seconde couche, de manière qu'il n'y ait que leurs arêtes extérieures d'apparentes, et qu'elles s'accordent parfaitement avec le dessus de la deuxième couche. On observera de laisser de 9 pieds en 9 pieds une de ces bordures qui ait au moins 9 pouces en dehors de l'encaissement, pour repousser les roues des voitures, et les empêcher de faire des rouages le long des bordures.

On posera ensuite la première couche dans le fond de l'encaissement, en arrangeant les pierres à la main, de champ, en liaison, sans vide et de manière que leurs surfaces les plus planes soient en bas, et leurs pointes en haut, ensuite on remplira successivement les interstices, jusqu'à l'épaisseur prescrite pour la première couche, qui doit être au moins de 25 à 30 centimètres, et l'on battra le tout à la masse, de façon que les pierres de la surface n'excèdent pas la grosseur de 3 pouces cubes, et que la première couche conserve toujours son épaisseur de 9 pouces au moins, après le battage.

La seconde couche sera faite avec la

pierre la plus dure que l'on pourra trouver dans les carrières; elle sera cassée à la grosseur d'un pouce cube sur une pierre servant d'enclume, et régalée ensuite sur la première couche avec la pelle, pour former régulièrement le bombement prescrit, de manière que la plus haute épaisseur au milieu soit de 18 pouces compris le bombement, 12 pouces aux bordures; ce qui produit 21 pouces d'épaisseur réduite.

Les chaussées en empierrement, lorsqu'elles sont construites avec soin, sont très-solides, et n'ont point de ces resauts qui brisent les voitures et tourmentent les voyageurs. Je me suis bien trouvé aussi de faire répandre, sur cette dernière couche dont je viens de parler, du sable ou du détruiment des pierres de carrières, lorsqu'il s'en trouvait à ma portée. Ce sable se mêlait dans les interstices, qu'il achevait de remplir, et formait une espèce de croûte imperméable à l'eau.

Lorsque l'on rencontre, dans la projection des routes, des terrains aquatiques, comme étangs, lacs, etc., il faut prendre beaucoup de précautions.

On doit : 1.° commencer par tracer la route, par des pieux plantés dans l'eau, espacés de 2 à 3 toises; 2.° faire un profil de la profondeur de l'eau, sur la longueur de la route, pour marquer et supputer la dépense qu'entraîneront les fondations dans les lieux de mauvaise consistance, jusqu'à la superficie des plus hautes eaux; 3.° reconnaître, par le secours des sondes, les lieux qui ont le plus de consistance, pour les fonder avec moins de dépense, sans cependant rien sacrifier sur la solidité et la vraie direction.

Ces sortes de travaux doivent être commencés dans le temps des eaux les plus basses.

On établit la chaussée sur un grillage qui, tantôt est piloté, et tantôt garni seulement, sur le devant des pilots, de bordages ou de pal-planches.

Après avoir établi cette base on garnit les vides ou chambres, de grillages, tantôt de pierres, et tantôt de fascines, suivant les circonstances, et selon la facilité de se procurer des matériaux; cela se fait jusqu'à la hauteur des eaux de l'étang ou du lac, afin d'établir dessus des bordures, telles qu'elles doivent être, pour soutenir fortement les terres qu'on portera sur la voie.

CHEMIN A LA MONTAGNE ET A MI-CÔTE.

Lorsque vous sortez de la plaine pour traverser une ou plusieurs montagnes, les rampes ne peuvent pas toujours être en droite ligne; et si l'Ingénieur a pour objet de conduire sa route au sommet, il doit profiter de tous les moyens que les sites lui permettent pour adoucir les rampes, et sauver aux voyageurs, non-seulement les dangers réels, mais même les simples apparences du danger.

Le chemin, dans ces lieux, est bordé, pour l'ordinaire, du côté du bas de la rampe, par un mur de soutenement; tantôt, suivant la disposition du terrain, on se contente de faire toute la tranchée dans le solide de la montagne; tantôt, traversant les rochers, on établit de l'un à l'autre des décharges et des cintres surbaissés, pour supporter les murs de soutenement. Si on ne peut y établir une route, ni par un mur de soutenement ni par une charpente, on perce le rocher qu'on rencontre; et cette méthode est la plus certaine.

Les murs de soutenement pratiqués pour supporter le chemin sur la rampe d'une montagne, sont faits ordinairement à pierres sèches; ceux qui sont faits à chaux et à sable ne sont pas toujours les meilleurs, parce que le mortier qui ferme le joint des pierres, empêche les eaux de se filtrer au travers des terres qui les retiennent comme une éponge.

Les eaux, dans le temps des pluies qui descendent de la rampe de la montagne, s'imbibent dans le terrain, remplissent le fondement des murs, désunissent le mortier, sourcillent enfin entre les joints, et entraînent, par-là, les murs, par l'effort des terres qu'ils soutiennent.

Les murs de soutenement en pierres sèches, doivent être assis en bons fonds. Il faut leur donner une pente de quelques pouces du côté du haut de la montagne, afin qu'ils soient parfaitement bien assis dans le sol; ensuite on les élevera aplomb du côté des terres ou du ramblai, et en dehors on lui donnera un talus du cinquième de la hauteur ; la largeur, par le haut, doit être, pour le moins, de 2 pieds, élevée et couronnée de pierres plates couchées de champ, sur environ les deux tiers de la largeur du mur. L'arrangement des pierres doit être tel, que les plus grosses et les plates soient établies dans son fondement, les longues à son parement, ce qui formera une espèce de boutisse, et les plus petites dans le corps du mur : le derrière des murs doit être garni des moyennes.

Les terres seront ensuite rangées derrière avec la pelle ; on les fera descendre du haut de la montagne, et les pierres qu'on trouvera parmi les déblais, seront couchées derrière les murs.

Le remblai des terres doit se faire jusqu'à la hauteur des murs de soutènement.

Il n'est pas toujours nécessaire de soutenir le chemin, sur la rampe d'une montagne, par des murs : quelquefois le terrain de la montagne est tel, qu'il suffit de faire la voie plus large, afin que, si les pluies causent des éboulemens, la route ait encore sa largeur; il faut alors soutenir, autant qu'il est possible, les terres par des haies vives et des arbres, dont les racines remplaceraient par la suite le mur de soutenement; du reste il est très-difficile de prescrire les travaux qui doivent vaincre les obstacles que l'on rencontre à chaque instant dans les pays de montagne; c'est au génie de l'Ingénieur à créer les moyens et à aplanir les difficultés.

Chêne. s. m. Le chêne est le plus élevé de tous les arbres, il en est le plus solide et procure à l'homme le plus d'avantages. Les climats tempérés conviennent à sa nature, et il est étouffé dans sa sève là où le froid exerce ses rigueurs, là où règne une excessive chaleur. C'est le meilleur bois qu'on puisse employer dans les travaux de charpente; sa solidité répond de celle de toutes les constructions dont il forme le corps principal; sa force le rend capable de soutenir les plus pesans fardeaux, dont la moitié ferait fléchir la plupart des autres bois, et sa durée peut s'étendre jusqu'à six cents ans, sans aucune altération, lorsqu'il est à l'abri des injures de l'air. Si on l'emploie sous terre et dans l'eau, en pilotis, on estime qu'il peut durer quinze cents ans.

Chevalet. s. m. Pièce de bois, couchée en travers sur deux autres pièces auxquelles elle est perpendiculaire; le chevalet le plus simple de tous sert en une infinité d'occasions, mais surtout à soutenir les planches qui forment les ponts des petites rivières.

On appelle encore *chevalet*, un tréteau qui sert à échafauder, scier de long, et porter des triangles de fer dans une machine hydraulique.

Cheville. s. f. Petit morceau de fer ou de bois, rond, qui sert à tenir ferme un assemblage.

— *D'assemblage*, ne sert aux charpentiers qu'à assembler les pièces de bois façonnées sur le chantier, ou à mesure qu'ils les mettent en place, jusqu'à ce qu'elles y soient toutes, pour les cheviller à demeure. Ces chevilles sont de fer, avec un talon percé d'un œil à la tête, la pointe ronde; elles ont 9 pouces, 1 pied et quelquefois plus, de longueur.

— *Barbelée*, est celle dont le corps est

hérissé de dents dont la pointe se trouve du côté de la tête de la cheville, afin qu'étant chassée dans le bois, elle ne puisse en être retirée.

— Dans le toisé des bois de charpente, c'est un morceau de bois de six pieds de long, sur un pouce de carré de base : il en faut soixante-douze pour faire une solive, c'est-à-dire pour faire la valeur de trois pieds cubes.

— *De ranche.* Morceaux de bois rond, de deux pieds de long, qu'on fait passer à travers le rancher d'un engin ou de la volée d'une grue, et qui servent d'échelons.

Cheviller. v. a. Mettre des chevilles.

Chèvre. s. f. Machine avec laquelle on élève à plomb, des pierres, des poutres, etc., dans les travaux. Elle est composée de deux pièces de bois qu'on nomme *bras*, de deux ou trois entre-toises, pour en arrêter l'écartement; d'un treuil, traversé de quatre leviers, pour dévider le câble qui passe sur une poulie placée à l'extrémité supérieure, où elle roule sur un axe claveté.

Quelquefois aux deux bras, on en joint un troisième qu'on appelle *bicoq* ou *pied de chèvre*, pour la soutenir, lorsqu'on ne peut l'appuyer, ou lorsque le fardeau ne doit pas être élevé bien haut.

Chevron. s. m. Pièce bois de trois ou quatre pouces de gros.

Ciment. s. m. *V. Mortier.*

Cintre. s. m. Assemblage de charpentes, composé de pièces de bois qui, ayant à soutenir le poids de la voûte dont elles sont pressées et poussées, doivent être disposées entre elles, de manière à ce qu'en s'appuyant les unes sur les autres, elles se contrebuttent et ne puissent céder ; ce qui dépend de la force absolue des bois et de la position des pièces.

Quand on construit une voûte, une arche de pont, etc., il est évident qu'il faut commencer par poser de chaque côté les pierres ou voussoirs qui doivent être sur les deux pieds-droits. On pourrait continuer ainsi jusqu'à une certaine hauteur, parce que le premier voussoir n'étant nullement incliné à l'horizon, et ne faisant nul effort pour tomber, et les suivans l'étant encore peu, ils se soutiennent sans peine, ou par la force du ciment, ou par celle du frottement seul qui les arrêterait :

mais cela ne pourrait pas aller loin, et les voussoirs seraient bientôt tellement inclinés, qu'il serait impossible qu'ils se soutinssent, et que la construction avançât. On a trouvé l'expédient de construire un cintre de charpente, qui ait, par sa convexité, la même figure ou courbure que la voûte doit avoir par sa concavité, et d'élever la voûte sur ce cintre qui la porte et la soutient toujours, jusqu'à ce qu'enfin la clef, ou le dernier voussoir du milieu étant posé, elle se soutienne par sa seule construction et sans cintre.

Un seul cintre ne porte pas toute la voûte; on en construit plusieurs, selon sa largeur, tous égaux et semblables, disposés parallèlement les uns aux autres à distances égales, ordinairement de six pieds : de sorte que le poids est également partagé entre eux. Chaque cintre s'appelle *ferme;* il y en a cinq, dont chacun ne porte que la cinquième partie de la voûte.

Pour déterminer la force nécessaire à un cintre, il faut d'abord connaître la force qu'on a à soutenir : la pesanteur d'une voûte dépend et de sa figure et des matériaux dont elle est construite.

Lorsque les fermes d'un cintre ne sont appuyées que contre les culées et les piles des ponts, on les nomme *fermes retroussées*; chaque point d'appui peut être établi sur une seule pièce de bois qu'on nomme *jambe de force*, au lieu de l'être par plusieurs files de pieux, comme on était dans l'usage de le faire.

Les tenons et les mortaises affaiblissent les bois ; on doit les supprimer en assemblant les principales pièces des fermes nommées *arbalétriers*, sur plusieurs rangs en liaison l'un sur l'autre, et de telle sorte que les bouts de l'un des rangs répondent au milieu des arbalétriers supérieurs, avec lesquels ils formeront des figures triangulaires qui auront pour base la longueur entière d'un arbalétrier, et pour côtés, deux demi-arbalétriers du rang de dessus. Les principales pièces doivent être moisées au milieu de leur longueur, ainsi qu'à leur extrémité, et boulonnées.

Pour servir de direction à l'Ingénieur, je vais rapporter deux exemples des dimensions et des assemblages des fermes, pour des arches, l'une de 60 pieds d'ouverture, l'autre de 120 pieds.

ARCHE DE 60 PIEDS D'OUVERTURE.

L'arche du milieu du pont de Cravant, situé sur la rivière d'Yonne, de 60 pieds d'ouverture et 20 pieds de hauteur sous clef, depuis les naissances, a été cintrée avec cinq fermes retroussées, espacées à cinq pieds de milieu en milieu; chaque ferme était composée de trois cours d'arbalétriers, le premier et le troisième de cinq pièces, et celui du milieu de quatre; ces cours d'arbalétriers étaient posés l'un sur l'autre, assemblés triangulairement, et retenus avec des moises. Chaque arbalétrier avait 15 à 18 pieds de longueur et 8 à 9 pouces de grosseur; les moises avaient même grosseur pour chaque pièce, sur 7 à 7 ½ de long: la grosseur de chaque cours de couchis était de 4 à 5 pouces; la pierre employée à ce pont pèse cent soixante-seize livres le pied cube, et l'épaisseur de la voûte est de quatre pieds à la clef.

ARCHE DE 120 PIEDS.

Chacune des cinq arches du pont de pierre de Neuilly, de 120 pieds d'ouverture, sur 30 pieds de hauteur sous clef depuis les naissances, et 45 pieds de largeur, a été cintrée avec huit fermes retroussées, espacées à six de milieu en milieu; chaque ferme était composée de quatre cours d'arbalétriers, disposés en liaison et triangulairement, comme ceux des arches précédentes; celui du dessous des fermes était composé de huit pièces; les deuxième et quatrième, chacun de sept pièces et le troisième de six pièces, qui avaient toutes depuis 19 jusqu'à 23 pieds de longueur, et 14 à 17 pouces de grosseur; les moises pendantes, au nombre de 13, avaient 9 à 10 pieds de longueur, sur 9 à 15 pouces de grosseur pour chaque pièce. Le tout était lié avec cinq moises horizontales de 9 à 15 pouces de gros, et huit lierres de 9 pouces aussi de gros; les couchis avaient 7 à 8 pouces de grosseur; les calles de dessous et le dessus de ces couchis avaient l'une 6 à 7 pouces, et l'autre, qui est celle du poseur, environ 2 pouces de hauteur: en sorte que l'intervalle d'entre les dessus des fermes et les voûtes, était de 17 à 18 pouces, parce qu'on devait nécessairement lui donner au moins le double de la hauteur du couchis; cette hauteur s'est même trouvée encore augmentée pendant la pose, de 6 à 8 pouces dans le haut, par l'affaissement des fermes, ce qui a obligé d'augmenter successivement la hauteur de ces cales.

On peut commencer à poser les premiers cours des voussoirs sans cintre de charpente, jusqu'à ce qu'ils viennent à glisser sur les voussoirs inférieurs.

Le cours des voussoirs que l'on pose ensuite de chaque côté, commence à charger les cintres; cette charge, qui augmente successivement jusqu'à ce que la clef soit posée, en faisant un peu baisser la partie inférieure des cintres, tend en même temps à faire remonter la partie supérieure, motif pour lequel on est obligé de la charger de voussoirs, qui, étant tous taillés, sont employés ensuite au haut des voûtes, et cela se fait à mesure que la voûte s'élève, pour assujétir les fermes et les empêcher de remonter.

Pour règle générale, on peut déterminer les grosseurs des pièces de bois dont se composent les cintres, par la méthode usitée pour tous les ouvrages de charpente, qui ont de grands efforts ou de grandes charges à soutenir.

Cette règle consiste à donner aux poteaux ou pièces de bois qui doivent résister aux efforts qui les pressent par les deux bouts dans le sens de leur longueur, depuis le douzième de leur longueur isolée jusqu'au dixième; car il est essentiel de considérer qu'il ne suffit pas que chacune de ces pièces ait une force suffisante pour résister à la partie de l'effort à laquelle elle répond; il faut de plus que leur ensemble ait une solidité, une stabilité capables de résister à la masse des efforts réunis et au mouvement, en ayant égard aux défauts et imperfections des bois, de leur assemblage, de leur pose en place, et enfin aux charges et accidens extraordinaires auxquels les cintres peuvent être exposés.

Cette précaution d'une résistance surabondante, constitue la solidité du cintre et sa stabilité, sans lesquelles on ne peut être sûr de son opération. Ce principe est fondé sur la nature, qui emploie toujours des moyens surabondans pour obtenir des effets constans et faciles, ainsi qu'on peut s'en convaincre par l'ossature des animaux, dont la force est beaucoup au-dessus de ce qu'exigeraient leur poids, leur volume et leur mouvement.

Ciseau. s. m. Instrument de fer, tranchant par le bout. Il y en a de plusieurs espèces, qui ne diffèrent entre eux que par la force et la grandeur.

Les ciseaux de tailleur de pierre sont tous de fer, d'environ 7 pouces de longueur.

— *A louver*, c'est-à-dire, à faire, dans les pierres, le trou pour placer la louve : ce ciseau a jusqu'à 15 pouces de longueur.

— *De charpentier* est emmanché de bois, et sert à faire des mortaises.

Civière. s. f. Sorte de petit brancard à quatre bras, avec lequel deux hommes portent des pierres et autres matériaux.

Claveau. s. m. Pierre taillée en forme de coin ou de pyramide tronquée, oblique ou droite, dont le plan est carré, et qui sert à construire une plate-bande.

— *A crossette* est celui dont la tête est retournée avec les assises de niveau.

Clavette. s. f. Morceau de fer plat, un peu plus large d'un bout que de l'autre, qu'on passe dans la mortaise d'un boulon, et qu'on fait entrer à coups de marteau. Il y en a aussi qui sont doubles, et dont on sépare les deux ailes lorsqu'elles sont posées en place, afin que le mouvement du boulon ne les fasse pas ressortir.

Clayonnage. s. m. On appelle ainsi le talus des terres sur lesquelles on applique les claies faites de menues perches, et arrêtées avec des piquets pour les empêcher de s'ébouler, et leur donner le temps de se consolider.

Clef. s. f. Dernière pièce qu'on met en haut d'une voûte pour en fermer le cintre; cette pièce étant plus étroite par en bas que par en haut, presse et affermit toutes les autres. *V. Voûte.*

— *Saillante*, est celle dont le parement excède le nu des autres voussoirs.

Pendante, est celle qui, dans une voûte, excède le nu de la douille.

Coin. s. m. Morceau de bois ou de fer, composé de deux surfaces inclinées l'une vers l'autre, dont on se sert pour fendre, couper, presser, ou élever quelque chose.

On distingue deux sortes de coins, un simple et un double; le coin simple peut être représenté par un triangle rectangle, dont la base est appelée la longueur, et l'autre côté, qui forme l'angle droit, la hauteur ou le dos du coin.

Le coin double est composé de deux coins simples, qui sont joints par l'application de leurs longueurs l'une contre l'autre.

Les puissances que l'on emploie pour les coins, sont ou les pressions ou les percussions. Lorsqu'un charpentier veut percer du bois, il presse avec sa poitrine sur le coin ; lorsque nous coupons quelque chose avec un couteau, nous ne faisons que presser ; mais nous frappons aussi sur le coin avec un marteau.

Les corps que l'on sépare les uns des autres à l'aide du coin, sont aussi de différentes sortes : quelques-uns se fendent, et la fente s'avance devant le coin ; comme cela arrive à l'égard des bois qui se fendent aisément ; mais il s'en trouve d'autres dont la fente ne s'étend pas au-delà de l'endroit où le coin pénètre, comme cela se remarque lorsqu'on désunit du liége, du bois humide, ou quelque métal, à l'aide du coin.

Lorsqu'un corps ne se fend pas en avant, mais qu'il ne fait que se désunir par le moyen du coin, la pression qui agit sur le dos du coin doit être à la résistance des parties qui se désunissent, comme la hauteur du coin est à sa longueur.

Il y a d'autant plus de résistance contre le tranchant des parties, que leur cohésion est plus forte. Cette cohésion est la même que si les parties étaient pressées l'une contre l'autre par un poids; car les parties d'un corps qui se sont jointes, peuvent tenir l'une à l'autre aussi fortement que si, étant séparées, elles étaient pressées par un poids quelconque. Ainsi, au lieu de se représenter à l'esprit la cohésion des parties, on peut les concevoir comme pressées par un poids qui produise le même effet; en sorte que nous donnerons à la résistance le nom de poids. On comprend par-là quelle est la nature des couteaux, des clous, des vilebrequins, etc., car ils ne sont tous que des coins qui pénètrent d'autant plus facilement dans les autres corps, qu'ils sont ou plus aigus ou plus pointus.

Colle. s. f. La colle dont on se sert

pour coller le papier à dessiner, et qu'on appelle colle à bouche, se fait en fondant de la colle de Flandre dans l'eau, et en y ajoutant quatre onces de sucre candi pour lier la colle.

COLLIER. s. f. D'une porte d'écluse. *V. Crapaudine*.

COLONNE MILLIAIRE. s. f. On appelait ainsi, chez les Romains, des colonnes posées de mille en mille sur les bords des grands chemins; elles marquaient les distances des villes de l'empire; elles partaient toutes d'un seul point, le milliaire doré : cette colonne était élevée à Rome, près d'un temple de Saturne, au pied du Capitole.

Nous avons voulu, en cela, imiter les Romains, mais non avec autant de magnificence. De petites bornes tiennent lieu de colonnes milliaires, et nous n'avons pas le milliaire doré; il est remplacé par une borne placée au parvis Notre-Dame.

CONDUCTEUR. s. m. Est un homme chargé de la surveillance et de l'exécution des travaux, sous les ordres de l'Ingénieur ordinaire qui doit toujours avoir près de lui deux ou trois conducteurs, selon l'étendue de son arrondissement et l'importance des travaux qu'il a à faire exécuter.

Les Conducteurs doivent veiller à la bonne qualité des matériaux et à l'exécution fidèle des devis, suivant les règles de l'art.

Un Conducteur ne peut jamais devenir Ingénieur, quelque talent qu'il puisse acquérir; tandis qu'un soldat peut devenir général. Nous croyons cette démarcation injuste et très-préjudiciable. Il nous semble que les Ingénieurs devraient être conducteurs avant de diriger en chef les travaux; ils acquerraient la science de la pratique, aussi nécessaire que celle de la théorie. En vain l'on envoie quelques élèves se former, sous les ordres des Ingénieurs, à la Direction des Travaux; ce n'est pas du tout la même chose : les élèves agissent en Ingénieurs; ils s'imaginent que la science qu'ils ont puisée dans les écoles est suffisante, et d'ailleurs, ils étudient trop peu de temps pour devenir d'habiles praticiens.

Cône. s. m. On donne ce nom, en géométrie, à un corps solide dont la base est un cercle qui se termine, par le haut, en une pointe qu'on appelle *sommet*.

Le cône peut être engendré par le mouvement d'une ligne droite qui tourne autour d'un point immobile appelé *sommet*, en rasant par son autre extrémité, la circonférence d'un cercle qu'on nomme la base.

On appelle, en général, axe *du cône*, la droite tirée de son sommet au centre de la base. Quand l'axe du cône est perpendiculaire à sa base, ce solide est le cône proprement dit. Si cet axe est oblique ou incliné, c'est un cône scalène.

Conique. adj. Se dit, en général, de tout ce qui a rapport au cône.

Contre-fiche. s. f. Pièces de bois en décharge, qui servent à entretenir et supporter les poutrelles d'une travée de pont de charpente.

Contrefort. s. m. Pilier de maçonnerie, saillant, hors le nu d'un mur de revêtement, et lié avec lui pour soutenir la poussée des terres : la partie par laquelle il est lié avec lui pour soutenir cette poussée des terres se nomme *racine*, et celle qui le termine du côté des terres se nomme *queue*.

Contre-jumelles. s. f. Pavés qui, dans

les ruisseaux des rues, se joignent deux à deux, et font liaison avec les caniveaux.

Contre-poseur. s. m. L'ouvrier qui, dans la construction des édifices, aide au poseur à recevoir les pierres de la grue ou autre machine, et à les mettre en place d'aplomb et de niveau.

Corde. s. f. Est, en géométrie, une ligne droite qui se termine par chacune de ses extrémités à la circonférence du cercle, sans passer par le centre, et qui divise le cercle en deux parties inégales qu'on nomme *segmens*.

— *Mécanique*. Outre le frottement, la roideur des cordes apporte de grands obstacles à l'effet des machines.

Une corde est d'autant plus difficile à plier, 1.° qu'elle est plus roide et plus tendue par le poids qui la tire.

2.° Qu'elle est plus grosse.

3.° Qu'elle doit, en se pliant, se courber davantage, c'est-à-dire se rouler, par exemple, autour d'un plus petit rouleau.

On a trouvé que la résistance qui vient de la roideur causée par les poids qui tirent la corde augmente à proportion des poids : celle qui vient de la grosseur des cordes augmente à proportion de leur diamètre.

La résistance causée par la roideur des cordes, sera d'autant plus grande, que les cordes, malgré cette roideur, seront obligées de se plier plus vîte; il faut y avoir égard en calculant les résistances de différentes cordes d'une même machine ou de différentes parties de la même corde, qui se plieront avec différentes vîtesses.

Cosinus. s. m. C'est le sinus droit d'un arc qui est le complément d'un autre : ainsi le cosinus d'un angle de 30 degrés est le sinus d'un angle de 60 degrés.

Cotangente. s. f. C'est la tangente d'un arc qui est le complément d'un autre : ainsi la cotangente de 30 degrés est la tangente de 60 degrés.

Couchis. s. m. Se prend pour la forme de sable d'un pavé, de même que pour les dosses de l'aire d'un pont de bois, qu'on range en travers sur la travée.

Coupe. s. f. Est la section perpendiculaire d'un édifice, pour en faire voir l'intérieur, et coter les mesures de hauteur, largeur et épaisseur.

— *De pierres;* C'est l'art de tailler les

pierres pour construire des voûtes ou arcs de toutes sortes. Les ouvriers l'appellent *le trait*.

L'idée qu'on a attachée au mot de *coupe* des pierres, n'est pas celle qui se présente d'abord à l'esprit; ce mot ne signifie pas particulièrement l'ouvrage de l'artisan qui taille la pierre, mais la science du mathématicien, qui le conduit dans le dessein qu'il a de former une voûte ou un corps d'une certaine figure, par l'assemblage de plusieurs petites parties. Il faut en effet plus d'art qu'on ne pense, pour que leur coupe soit telle que, malgré leurs figures différentes et leurs grandeurs inégales, elles concourent chacune en particulier à former une surface régulière, ou régulièrement irrégulière, et qu'elles soient disposées de manière à se soutenir en l'air et à s'appuyer réciproquement les unes sur les autres, sans autre liaison que celle de leur propre pesanteur; car les liaisons de mortier ou de ciment doivent toujours être comptées pour rien.

Coupe du trait. C'est faire un modèle en petit avec de la craie ou du plâtre, ou une autre matière facile à couper, pour s'instruire dans l'application du trait de l'épure sur la pierre, en se servant des instrumens inventés pour cela.

Couper une pierre, c'est en ôter plus qu'il n'est nécessaire, et par conséquent la rendre défectueuse ; ce qui arrive souvent aux tailleurs de pierres : mais les Entrepreneurs, gens qui entendent leurs intérêts, remédient à cette défectuosité par une autre ; ils font employer des cales très-épaisses et font des joints très-larges. C'est à ceux qui sont chargés de la surveillance des travaux à y faire la plus grande attention. Cette supercherie nuit non-seulement à la perfection de l'ouvrage, mais encore à sa solidité.

Courbe. s. f. Il y en a de deux sortes, les unes planes, les autres à double courbure.

— *Plane*, est une ligne courbe qu'on trace sur un plan, telle que le cercle, l'ellipse, la parabole, l'hyperbole, la spirale et les arcs rampans.

— *A double courbure*, est celle qui ne peut être tracée sur un plan qu'en perspective ou par projection, mais que l'on peut tracer sur un morceau de pierre, parce qu'il forme un angle solide : tel est le panneau de douelle d'un angle, d'enfourchement d'une voûte d'arête en charpenterie ; c'est une pièce de bois coupée en arc, servant à former des parties circulaires, comme les cintres, les plates-formes, liernes et chevrons des dômes et coupoles.

Coussinet. s. m. Première pierre ou voussoir d'une arche, qu'on pose à sa naissance, dont le joint au-dessous est de niveau, et celui de dessus en coupe, et sur lequel commence la retombée de l'arche, qui monte aussi haut que les voussoirs peuvent se supporter les uns les autres sans liaison, sans être maçonnés et sans être retenus par aucun cintre.

Craie. s. f. Pierre calcaire plus ou moins friable, qui s'attache à la langue et colore les mains. Sa couleur est blanche, elle varie qnelquefois en raison des matières minérales étrangères qui y sont jointes. Cette pierre offre peu de solidité.

La craie fait effervescence avec tous les acides, et se change en chaux par l'action du feu.

Crampon. s. m. Morceau de fer plat et courbé, qui sert à lier ou retenir une chose avec une autre. Lorsque le crampon sert à lier les pierres, il doit être scellé de plomb.

Crapaudine. s. f. Cube de fer ou de bronze creusé dans le milieu d'une de ses faces pour recevoir le pivot d'une porte, de l'arbre d'une machine : on l'appelle aussi *grenouille* et *couette*; c'est surtout dans le jeu des écluses que la crapaudine est importante. On en distingue de deux espèces, le mâle et la femelle. Le mâle ou pivot joue dans une autre, en forme d'écuelle, appelée simplement *crapaudine*, qui s'encastre dans le seuil; elle est accompagnée de deux oreilles horizontales qui servent à la maintenir dans la même situation; sa figure est ordinairement cylindrique, pour attacher la crapaudine mâle ou pivot, à la partie du poteau qui s'y loge, et à laquelle on a donné le nom de *tourillon*. Ce pivot a quatre oreilles verticales, placées à distance égale autour du bord supérieur; les oreilles s'incrustent dans le tourillon, où elles sont attachées avec des vis à tête perdue.

Pour empêcher le tourillon de tourner dans le pivot, il doit être coupé à huit pans, en donnant à l'intérieur du second la forme d'un octogône; et afin d'adoucir le mouvement du pivot, on fait sa base convexe, et le fond de la crapaudine bombé.

Cependant, comme le frottement en général n'est point proportionné à l'étendue des surfaces qui se touchent, mais bien au poids que soutient la base, cette forme séduisante au coup d'œil n'a pas effectivement tout l'avantage qu'on s'imagine, parce que, moins le pivot aura d'assiette, et plutôt il aura usé l'endroit où il frotte: or, comme on ne peut donner à la fonte la densité qui est propre à l'acier, il n'y a point de meilleur expédient pour la conservation de la crapaudine et du pivot, que d'encastrer deux plaques d'acier aux endroits dont nous parlons.

Les dimensions des pivots et crapaudines doivent être dans le rapport des dimensions des autres parties de l'écluse.

Pour toutes les écluses qui auront depuis 12 jusqu'à 18 pieds de largeur, on donnera 7 pouces $\frac{1}{2}$ au diamètre du tourillon de leur poteau, et on augmentera toujours d'un demi-pouce par 6 pieds : de sorte, par exemple, qu'aux écluses de 37 à 42 pieds, le diamètre des tourillons sera de 9 pouces ½.

La hauteur du tourillon devra être égale aux deux tiers de son grand diamètre. Le pivot de 7 pouces ½, sera d'une solidité suffisante, en donnant au métal 7 lignes d'épaisseur, indépendamment de sa convexité d'en bas, et 8 lignes à la crapaudine, indépendamment aussi du relief qu'elle doit avoir dans le fond.

On conçoit que les diamètres intérieurs de la crapaudine conique doivent être un peu plus grands que ceux du pivot, pour la facilité de son jeu; on n'y suppose cependant point de différence : c'est au fondeur à diminuer imperceptiblement la grosseur du pivot, ou à augmenter la capacité de la crapaudine, afin d'assujétir l'un à l'autre.

On augmentera successivement de deux lignes l'épaisseur du métal pour chaque pivot et crapaudine à mesure que les diamètres des tourillons iront en augmentant d'un demi-pouce.

Le meilleur métal dont on puisse faire

usage en général pour tous les ouvrages de fonte employés aux écluses, est composé de $\frac{11}{12}$ de cuivre rouge ou rosette de Suède, et de $\frac{1}{12}$ d'étain fin d'Angleterre.

Il faut une extrême attention pour bien poser les crapaudines et les colliers, afin que les centres du mouvement des extrémités du poteau tourillon soient renfermés dans la même verticale. Il faut que le bord supérieur de la crapaudine excède d'un pouce $\frac{1}{2}$ la surface du seuil, afin de pouvoir la retirer par la suite, s'il est nécessaire; l'emplacement qui doit la recevoir est enduit de brai et de goudron, et on l'enfonce en la frappant avec une demoiselle, et en ayant soin qu'elle soit fixée parfaitement de niveau.

Croix de saint-andré. s. f. Charpente qui porte en décharge la lisse d'un pont de charpente, et tient en raison les deux flèches d'un pont-levis.

Crossette. s. f. Voy. *Voussoir.*

Cube. s. f. Corps solide, régulier, composé de six faces carrées et égales, et dont tous les angles sont droits et par conséquent égaux.

On peut considérer le cube comme engendré par le mouvement d'une figure plane carrée, le long d'une ligne égale à l'un de ses côtés, à laquelle cette figure est toujours perpendiculaire dans son mouvement: d'où il suit que toutes les sections du cube parallèle à sa base sont égales en surface, et conséquemment sont égales entre elles.

Pour déterminer la surface et la solidité d'un cube, on prendra d'abord le produit d'un des côtés du cube par lui-même, qui donnera l'aire d'une de ses faces carrées, et on multipliera cette aire par six pour avoir la surface entière du cube. Ensuite on multipliera l'aire d'une des faces par les côtés pour avoir la solidité.

Culée. s. f. Massif de pierre qui arc-boute la poussée de la première et dernière arche d'un pont. *Voy. Pont.*

Cycloïde s. f. Est une des courbes mécaniques, ou, comme les nomment d'autres auteurs, *Transcendantes:* on l'appelle quelquefois *Roulette.*

Cette Courbe est décrite par le mouvement d'un point de la circonférence d'un cercle, tandis que le cercle fait une révolution sur une ligne droite. Quand une roue de carrosse tourne, un des clous de la circonférence décrit dans l'air un Cycloïde.

Cylindre. s. m. Corps solide terminé par trois surfaces, dont deux sont planes, et l'autre convexe et circulaire. On peut le supposer engendré par la rotation d'un parallélogramme rectangle autour d'un de ses côtés, lorsque le cylindre est droit, c'est-à-dire lorsque son axe est perpendiculaire à sa base. Un bâton rond est un cylindre. La surface d'un cylindre droit, sans y comprendre les bases, est égale au rectangle fait de la hauteur du cylindre par la circonférence de sa base.

D

Dalle. s. f. Pierre plate qui couvre à joints recouverts les chaperons des avant-becs des piles d'un pont : elle sert aussi à recouvrir les murs en aile et est ordinairement debitée de 3 à 4 pouces d'épaisseur, et quelquefois plus, suivant les circonstances.

Dé. s. m. Est un cube de pierre de taille de différentes proportions, et qui a différens usages.

Débordement. s. m. Il se dit de l'élévation des eaux d'une rivière, d'un fleuve au-dessus du bord de son lit. Nous parlerons de ses causes et de ses effets à l'article Fleuve.

Décharge. s. f. On appelle de ce nom toute pièce de bois qui en soutient une autre, ou qui la tient en raison par côté, comme un lien, une guette, une contre-fiche, etc.

Décimal. adj. L'arithmétique décimale est l'art de calculer par les fractions décimales. Je vais exposer les principes d'après lesquels ce calcul a été établi, et qui doivent rendre son usage universel, parce que sa base, qui a été prise dans la nature, est invariable, puisqu'elle dérive de la grandeur de la terre.

La longueur du quart du méridien étant bien connue, on l'a supposée successivement divisée en parties toujours dix fois plus petites, dans la vue de chercher parmi ces parties une longueur qui fût propre à servir d'unité de mesure linéaire, pour remplacer celle dont nous faisions usage.

C'est pourquoi prenant d'abord la dixième partie de la longueur du quart du méridien, on a trouvé que cette partie contenait 225 lieues; cette même partie, divisée en dix, a donné une longueur de 22 lieues ½; par une troisième division, on a eu une longueur d'environ 5,132 toises; par une quatrième, une longueur de 513 toises; par une cinquième une longueur de 51 toises; par une sixième, 30 pieds; et enfin par une septième, une longueur de 3 pieds 11 lignes et quelque chose de l'ancienne mesure. Cette dernière longueur a paru commode pour être employée comme unité de mesure.

On conçoit aisément qu'à l'aide de cette division, le quart du méridien s'est trouvé subdivisé successivement en dix, en cent, en mille et dix mille parties, etc., etc. C'est au terme où le nombre des parties étaient de dix millions que l'on a eu la longueur d'environ 3 pieds, qui a fourni l'unité de mesure: en sorte qu'elle est la dix-millionième partie du quart du méridien. On lui a donné le nom de mètre qui signifie *mesure*.

La dixième partie du mètre a été nommée

décimètre; la dixième partie du décimètre, *centimètre*, la dixième partie du centimètre, *millimètre*. On s'est arrêté à ce terme qui suffit pour les usages ordinaires.

Le mètre, comparé au pied, vaut à peu près 3 pieds 0 p. 11 lignes $\frac{44}{100}$; le double mètre comparé à la toise, 6 pieds 1 pouce 10 lignes $\frac{22}{25}$.

DÉCINTRER. v. a. Pour diminuer le tassement des voûtes, et faciliter le décintrement des ponts, l'usage ordinaire est de poser à sec un certain nombre des derniers cours de voussoirs, de les serrer fortement avec des coins de bois chassés à coups de maillet entre des lattes savonnées, et de les couler et ficher ensuite avec du mortier de chaux et de ciment; cependant on ne l'a point fait au pont de Neuilly, parce que M. Perronet a pensé que la percussion de ces coups de maillet ferait peu d'effet pour serrer les voussoirs entre eux sur d'aussi grosses masses de pierre, chacun de ces voussoirs étant du poids au moins de cinq milliers, et quelques-uns de huit ou dix milliers. Il avait d'ailleurs craint de casser des voussoirs, comme cela est arrivé à d'autres ponts, en chassant ces coins, qui sont souvent en porte-à-faux, à cause de la difficulté de les placer exactement vis-à-vis des autres.

Quelques Ingénieurs sont dans l'usage de laisser les voûtes le plus de temps qu'ils peuvent sur les cintres; d'autres les font démonter aussitôt après les avoir fait fermer.

Lorsque l'on a assez de tems, à la fin de la campagne, on fait très-bien d'attendre un mois ou six semaines; mais il est toujours prudent de ne pas décintrer avant que les mortiers des joints des derniers cours de voussoirs n'aient acquis assez de consistance pour que l'on ne puisse y introduire qu'avec peine la lame d'un couteau, et cela arrive en moins de quinze jours ou trois semaines, surtout si la pierre est sèche et poreuse; alors elle prend plus promptement l'humidité du mortier.

Dégravoiement. s. m. On appelle dégravoiement l'effet de l'eau qui déchausse et désacôte les pilots de leurs terrains, par un bouillonnement continuel, ce à quoi on remédie en faisant une crèche ou un batardeau autour du pilotage ou de la fondation.

Degré. s. m. C'est la 360e partie d'une circonférence de cercle.

On a partagé le cercle en 360 degrés, parce que ce nombre a beaucoup de diviseurs.

Le degré se divise en 60 parties qu'on nomme minutes, la minute en 60 secondes, la seconde en 60 tierces, etc.

Les quarts de cercle sont divisés en 90 degrés; mais il devenait nécessaire, d'après le nouveau calcul, établi sur la division décimale du méridien, de donner au cercle une nouvelle division. On a donc divisé le quart du cercle en parties dix fois toujours plus petites, et ensuite on a pris les divisions de deux en deux, pour en faire les degrés, les minutes et secondes: de cette manière, le quart de cercle renferme 100 degrés, le degré 100 minutes, la minute 100 secondes.

Demi-rayon. s. m. C'est une ligne droite tirée du centre d'un cercle, ou d'une sphère à sa circonférence; c'est ce qu'on appelle autrement *Rayon*.

Démoiselle. s. f. Autrement *Hie* : instrument ferré par le bout et à deux anses, dont on se sert pour enfoncer les pavés.

Dendromètre. s. m. Cet instrument ingénieux, par lequel on réduit la science de la trigonométrie rectiligne à une simple opération mécanique, est fondé sur les 2e, 5e, 6e et 33e proportions d'Euclide, au sixième livre.

Il est construit de manière que l'on connaît, par la seule inspection, la hauteur et le diamètre d'un arbre et de ses branches. On peut s'en servir pour mesurer les hauteurs accessibles et inaccessibles, situées dans des plans parallèles ou obliques à celui de l'instrument, pour prendre les angles de telle espèce qu'ils soient sans recourir aux calculs trigonométriques.

Cet instrument ne peut qu'être très-utile aux Ingénieurs, dans les différentes opérations qu'ils sont obligés de faire. Je renvoie, pour sa description, à l'Encyclopédie.

Dense. adj. Ce nom est relatif. On dit en physique, qu'un corps est plus dense qu'un autre, lorsqu'il contient plus de matière sous un même volume.

Densité. s. f. Propriété des corps, en

vertu de laquelle ils contiennent plus ou moins de matière sous un certain volume, c'est-à-dire dans un certain espace : ainsi, on dit qu'un corps est plus dense qu'un autre, lorsqu'il contient plus de matière sous un même volume. La densité est opposée à la rareté ; ainsi, comme la masse est proportionnelle au poids, un corps plus dense est d'une pesanteur spécifique plus grande qu'un corps plus rare ; et un corps est d'autant plus dense, qu'il a une plus grande pesanteur spécifique. La densité et le volume des corps sont deux des points principaux sur lesquels sont appuyées toutes les lois de la mécanique.

Dent. s. m. Se dit des petites parties saillantes qui sont à la circonférence d'une roue, et par lesquelles elle agit sur les ailes de son pignon pour les faire tourner.

La figure des dents des roues est une chose essentielle, et à laquelle on doit faire beaucoup d'attention dans l'exécution des machines. De toutes les figures qu'on peut donner aux dents des roues, celle qui tend à les faire marcher avec une force et une vitesse uniformes, et à rendre égaux les efforts que les pièces font toujours les unes sur les autres, doit être regardée comme la meilleure. Cette égalité de force est nécessaire pour faire mouvoir uniformément et avec la moindre puissance motrice possible.

Il faut donc, dans la confection des dents des roues, tenir à une force parfaite; cette perfection est aisée, et il est inexcusable de ne pas s'y attacher.

Des dents bien formées communiquent un mouvement extrêmement doux et uniforme. La machine travaille sans bruit, et les dents durent très-long-tems sans se déformer d'une manière sensible. Il est des cas où la plus grande exactitude est indispensable.

Déraciner. v. a. Arracher de la terre un arbre, un pilot, soit en creusant la terre tout autour, soit avec l'effort de quelque machine. Lorsque les pilots ont été enfoncés par une force majeure, il faut aussi une force majeure pour les retirer, et la fouille ordinaire des terres ne suffit pas.

Parmi le nombre des machines inventées pour l'arrachement des pilots, j'en vais citer une assez simple : on construit, une cage de charpente, soutenant une vis et son écrou placée au-dessus du pilot qu'on veut arracher. La tête du pilot est percée pour recevoir une broche de fer, servant à embrasser le pilot à l'aide d'une corde ou d'une chaîne suspendue à un crochet. En faisant tourner l'écrou comme un cabestan, à l'aide des leviers qui l'accompagnent, la vis est forcée de monter, et oblige le pilot de la suivre. La seule difficulté est d'asseoir la machine sur une base assez solide pour résister au puissant effort de la vis. Si le pilot est submergé on pourra se servir d'un échafaud volant placé sur des bateaux.

Desséchement. s. m. Épuisement des eaux qui croupissent dans un lieu bas, tel qu'un étang, un marais, pour le mettre à sec, soit par le moyen des machines hydrauliques, soit en y faisant des canaux de dérivation.

Dessin. s. m. C'est, en général, la représentation des travaux de la nature et de l'art.

Les sites montueux, couverts de rochers arides, ou embellis par des bouquets de bois, des bosquets, de superbes prairies, vus d'un seul point, forment le paysage; ces mêmes sites, parcourus à vue d'oiseau, donnent l'idée de la carte.

L'Ingénieur doit être au fait de tous ces genres de dessins, mais plus particulièrement de celui de la carte.

Dans l'ensemble d'une carte, il se trouve des pentes, des montagnes, vues dans un sens fuyant, qui doivent présenter l'effet du plan incliné en raccourci, sans cependant que ce raccourci soit réel, puisqu'on est astreint à se renfermer dans l'espace donné pour leur pente ou leur base.

De plus, les parties fuyantes des montagnes présentent aussi des escarpemens, des éboulemens de terres ou de roches de formes très-difficiles à rendre; ce qu'on ne peut exprimer qu'avec le sentiment et le tact de raccourcis linéaires. Le géométral n'en est point altéré, et l'on parvient, par ce moyen, à un ensemble exact, dont l'œil saisit tous les détails. Il faut enfin une connaissance de la perspective aérienne, pour l'accord des couleurs locales et l'harmonie générale. *Voyez Dessin, Encyclopédie de l'Ingénieur*, où cet article est traité à fond.

Développement. s. m. C'est la représentation, sur un plan, de toutes les faces qui composent un solide.

C'est, dans une épure, l'extension de la douelle, sur les divisions de laquelle on trace les figures des panneaux de lit.

C'est aussi le dessin en grand des façades, plans, coupes, profils de toutes les parties d'un édifice.

Devis. s. m. Mémoire général des quantités, qualités et façons pour la construction d'un chemin, d'un pont, et de bâtimens quelconques. Ce mémoire se fait sur des dessins cotés et expliqués en détail. On marque les prix à la fin de chaque article et espèce d'ouvrage. C'est sur ce mémoire qu'un Entrepreneur marchande avec le Gouvernement ou tout autre propriétaire, et prend l'engagement d'exécuter l'ouvrage moyennant une certaine somme.

Un devis doit être clair et précis, de manière qu'il ne puisse donner prise à aucune discussion. L'Ingénieur qui le fait doit le dresser avec ordre, comme s'il devait l'exécuter lui-même.

Diable. s. m. Voiture longue et à deux roues très-élevées, au timon de laquelle les Charpentiers et les Maçons suspendent, avec des chaînes de fer, des poutres et des pierres de taille, pour les transporter plus facilement.

Diamètre. s. m. C'est une ligne droite qui passe par le centre d'un cercle, et qui est terminée de chaque côté par la circonférence.

Le diamètre divise la circonférence en deux parties égales.

Selon Archimède, le rapport du diamètre à la circonférence est de 7 à 22; Métius a donné un rapport plus exact, c'est celui de 113 à 355.

On a trouvé dans un ouvrage des Bramines, un rapport plus rapproché, c'est celui de 1,250 à 3,927. Au reste, on peut obtenir, d'après les décimales, un rapport tel, que la différence entre le diamètre et la circonférence sera plus petite qu'aucune quantité donnée.

Digue. s. f, Massif de maçonnerie ou de charpentes et fascinages, dont on fait un obstacle à l'entrée ou au cours des eaux.

Direction. s. f. C'est, en général, la ligne

droite suivant laquelle un corps se meut ou est censé se mouvoir.

La ligne de direction, en mécanique, est celle qui passe par le centre de la terre et par le centre de gravité d'un corps. Il faut nécessairement qu'un homme tombe dès que son centre de gravité est hors de sa ligne de direction.

DOSSE. s. f. Grosse planche qui sert à échafauder, à voûter, qu'on pose sur les cintres des ponts, qu'on met aussi à travers d'un pont pour recevoir le couchis.

— *De bordure*, sert à retenir une forme de pavé sur un pont de bois : on l'appelle autrement *garde-terre* ou *garde-pavé*.

DOUELLE. s. f. C'est le parement intérieur d'une voûte, et la partie courbe du dedans d'un voussoir, qu'on appelle autrement *intrados* dans l'arche d'un pont.

E

EAU. s. f. Trois fluides environnent l'homme de tous côtés, l'air, l'eau, le feu : ces trois principes entretiennent sa vie ; il ne peut rien faire sans eux, il peut tout avec eux : si l'un deux lui manquait, il cesserait d'exister ; mais l'homme ne s'est pas contenté de jouir tranquillement, comme les animaux, de ces bienfaits de la nature : il a asservi les élémens à son génie ; il a calculé leur puissance, dirigé leurs effets, et les a fait servir non-seulement à ses besoins multipliés, mais encore à ses plaisirs et à son luxe.

L'eau est répandue avec profusion sur toute la terre ; mais cette abondance suffit à l'homme errant et non à l'homme civilisé. Lorsque, par suite de la civilisation, il s'est trouvé entassé dans des villes, et qu'il a rassemblé autour de lui une foule d'animaux, alors il ne s'est pas trouvé dans ces lieux de rassemblement assez d'eau pour tous ; il a fallu en amener à grands frais des sources ou des rivières éloignées : de là sont naturellement venues toutes nos connaissances hydrauliques ; de là ces canaux, ces aqueducs pour conduire les eaux à leur destination.

L'eau pèse environ 70 livres le pied cube ; mais sa pesanteur varie suivant son degré de pureté ; celle qui est pure est à la pesanteur de l'or comme 1 à 19 $\frac{1}{4}$.

L'eau est compressible ; elle s'introduit dans presque tous les corps, excepté dans les matières grasses : elle se réduit aisément en vapeurs et alors elle se dilate prodigieusement.

L'eau coulante ou courante sur des plans inclinés, doit accélérer sa vîtesse suivant les racines des hauteurs perpendiculaires, ou, si l'on veut, suivant les racines des longueurs du plan parcouru. Or, puisque les lits des fleuves, des rivières, des aqueducs sont des plans inclinés, la vîtesse de leurs eaux doit, par cette raison, s'accélérer et augmenter depuis leur source jusqu'à leur embouchure. Ainsi, suivant ce principe, on peut trouver la vîtesse du courant des rivières, leurs pentes étant données, et réciproquement la hauteur ou l'inclinaison de leurs pentes, les vîtesses étant connues.

Il est très-important pour les Ingénieurs de connaître la vîtesse des eaux des fleuves, des rivières, des aqueducs, des ruisseaux et des fontaines, soit pour la mesure et la jauge de ces eaux (chose très-nécessaire pour les projets de navigation), soit pour juger la force de l'eau sur les aubes des roues des moulins ou autres machines.

Par le résultat des expériences multipliées on sait qu'en une année il peut ordinairement tomber des eaux pluviales jusqu'à la hauteur de 16 à 17 pouces. En supposant qu'il en tombe seulement 15 pouces, une toise de terrain recevrait en un an 45 pieds cubes d'eau. En admettant qu'une lieue contienne 2300 toises de longueur, une lieue carrée en contiendrait 5,290,000, en superficie, qui, multipliés par 45, donnent 238,050,000 pieds cubes.

Une des grandes propriétés de l'eau, c'est de se mettre en équilibre avec elle-même et de tendre constamment à conserver son niveau, c'est-à-dire à rester à une égale distance du centre de la terre.

L'eau réduite en vapeur agit avec tant de force, qu'on peut mouvoir, par son moyen, de très-grandes machines, et faire agir des pompes à l'aide desquelles on élève l'eau jusqu'à une hauteur considérable.

Cette grande dilatation de l'eau réduite en vapeur, est un phénomène de la nature dont on connaît les effets sans que l'on puisse en découvrir la cause ; mais le mécanisme n'en a pas moins tiré un grand parti, et la machine à vapeur est une des plus belles découvertes modernes.

Ebaucher. v. a. Tracer la première pensée d'un ouvrage, la première idée d'un édifice.

Dresser une pièce de bois de charpente avec la hache ou la scie, avant de l'unir avec la besaigue.

Ebauchoir. s. m. C'est, pour la charpenterie, un gros ciseau de fer à manche de bois, avec viroles de fer par les deux bouts; il sert à ébaucher les mortaises.

Echafaud. s. m. Espèce de plancher fait de dosses portées sur des trétaux ou sur des baliveaux et boulins scellés dans les murs ou étrésillonnés dans les baies des façades pour travailler sûrement. On nomme *Échafauds volans*, ceux qui ne sont retenus que par des cordes.

Ecluse. s. f. Se dit, généralement parlant, de tous les ouvrages de maçonnerie et de charpenterie que l'on fait pour soutenir et élever les eaux et les laisser couler quand on le veut.

Les écluses étaient en usage chez les anciens, mais ils ne connaissaient pas l'art de les employer à élever les bateaux au haut des montagnes et à les en faire descendre.

Les premières écluses que l'on ait faites en France sont celles des canaux de Briare et d'Orléans : il y a quarante-deux écluses dans le premier et vingt dans le second.

L'art n'a jamais été poussé si loin que dans la construction du canal du Languedoc. Les barques peuvent en onze jours passer d'une mer à l'autre, et monter, par le secours des écluses, jusqu'à la hauteur de 600 pieds au-dessus du niveau des deux mers.

Une écluse est un lieu choisi dans un canal ou un courant d'eau pour y construire sur chaque rive deux ailes de maçonnerie que l'on nomme *Bajoyers*, tracées, selon les proportions qui leur conviennent. Au milieu de ces ailes on pratique un espace ou chambre, fermée ordinairement par deux paires de portes busquées, dont les vanteaux s'arc-boutent réciproquement, l'une d'amont, l'autre d'aval ou d'en-bas. Ces portes s'ouvrent et se ferment à volonté, pour faciliter l'écoulement des eaux et le passage des bateaux.

Quand les écluses ne servent pas à la navigation, on se contente de soutenir les eaux par un assemblage de charpentes, formant une espèce de cloison faite d'une suite de potèaux à coulisse, ou par des piles de maçonnerie, dont l'intervalle renferme des vannes qu'on lève et baisse pour laisser écouler l'eau, ou la retenir en tout ou en partie: telles sont les écluses ordinaires pour l'usage des moulins et pour former des inondations.

Lorsque l'intervalle des bajoyers n'a que 8 à 10, 12 et 14 pieds au plus, on n'emploie quelquefois qu'une seule vanne pour fermer l'écluse, et on la lève à l'aide de câbles qui filent sur un treuil, que l'on fait tourner par le secours des grandes roues attachées à ses extrémités, et que plusieurs hommes manœuvrent. Cette manière d'écluse peut servir à faciliter la navigation d'un canal ou d'une rivière dont on a intérêt de gonfler les eaux, pour ne les lâcher qu'à propos. L'inconvénient est de ne pouvoir élever la vanne assez haut pour laisser un passage libre aux bateaux revêtus de leurs agrès : c'est pourquoi, dans ce cas, on préfère les écluses à portes.

Les principales parties d'une grande écluse se réduisent à quatre.

1.° Les fondations qui règnent sur toute son étendue, et qui demandent à être exécutées avec plus de soin et d'intelligence que celles de tout autre ouvrage, puisque de là dépend la solidité de l'écluse, qui ne subsisterait pas long-tems en bon état, si ces premiers travaux avaient été négligés.

2.° Le radier, les bajoyers de maçonnerie, qui exigent aussi beaucoup d'attention dans leur construction.

3.° Les portes et leurs agrès. Pour peu que le terrain où l'on veut construire une écluse ne soit pas bien ferme, on emploie pour la fondation une ou plusieurs grilles de charpente posées les unes sur les autres, dont les cellules ou compartimens sont remplis de maçonnerie, le tout renfermé dans un encaissement de pal-planches enfoncées près-à-près à refus de mouton; et si le terrain est de mauvaise qualité, on commence par planter des pilotis sous l'espace que doivent occuper les bajoyers, et sous le seuil des portes. On en forme aussi d'autres files de pal-planches aux endroits du radier, où il est à craindre que l'eau ne s'introduise.

Quand les fondemens sont bien arasés, on trace les bajoyers, en observant de leur donner une épaisseur proportionnée à la hauteur de l'eau dont ils ont à soutenir la poussée, et de les fortifier encore par des contre-forts espacés à une juste distance.

On pratique quelquefois dans l'épaisseur de chaque bajoyer un petit aqueduc que l'on nomme *Pertuis*, ayant une vanne à coulisse dans le milieu pour faire passer l'eau d'un côté de l'écluse à l'autre, sans être obligé d'en ouvrir les portes.

On a soin, en traçant les faces des bajoyers, d'y ménager des enfoncemens nommés *Enclaves*, pour loger les portes quand elles sont ouvertes, afin qu'elles ne fassent pas d'obstacle au passage des bâtimens : on pratique aussi dans les mêmes faces des coulisses pour loger les extrémités d'un nombre de poutrelles mises les unes sur les autres, et destinées à former un coffre, que l'on remplit de terre glaise pour faire un batardeau du côté d'amont ou du côté d'aval ou des deux côtés en même temps, lorsque l'on veut tenir le milieu de l'écluse à sec pour quelques réparations, soit au radier, soit aux portes.

Aux grandes écluses, les bajoyers se terminent en queue d'aronde, afin d'avoir un évasement fermé par ce que l'on appelle *Branche*, qui facilite l'entrée et la sortie de l'eau.

Il est essentiel de faciliter cette entrée et cette sortie lorsque l'eau doit passer en abondance, pour vider ou remplir un bassin, une forme ou un canal: cela empêche en même tems l'eau de passer derrière les mêmes bajoyers pour les cerner, ce qui en causerait bientôt la ruine; c'est pourquoi on les lie ordinairement à des bouts de quais de maçonnerie ou de charpente garnis de terre glaise par derrière, pour s'opposer aux progrès de l'eau qui voudrait s'y introduire.

Ces écluses se forment, comme nous l'avons dit, avec des portes plates ou bombées, appuyées par le bas contre un busc, composé de poutres assemblées à un poinçon servant à les entretenir d'une manière inébranlable. Le reste de la hauteur des poutres s'arc-boute mutuellement à l'endroit de leur jonction où les poteaux sont taillés en chanfrein; alors elles font ensemble une saillie en forme d'avant-bec ou de busc, qui leur a fait donner le nom de *Portes busquées*; et lorsque de part et d'autre elles sont dans cette situation, elles renferment, avec l'espace des bajoyers qui en marque l'intervalle, une capacité exagone, que l'on nomme *chambre d'écluse*. Il faut beaucoup d'art et d'intelligence pour rendre ces portes capables d'une grande résistance sans les surcharger d'une quantité de bois superflue. Lorsqu'on ne veut pas pratiquer de pertuis dans les bajoyers d'une écluse, on ménage, au bas des ventaux, un guichet pour faire passer d'un côté à l'autre la quantité d'eau que l'on veut. Ces guichets se ferment avec de petites vannes qu'on lève et baisse à l'aide de crics attachés sur l'entretoise supérieure.

Pour faciliter la traversée d'un côté de

l'écluse à l'autre, on fait un pont tournant, qui, en se repliant, laisse un libre passage aux bâtimens tout mâtés ; ce pont, quand l'écluse est fort large, est composé de deux parties qui reposent et tournent sur le sommet de chaque bajoyer approprié à cet usage.

Indépendamment de ce pont, il s'en fait un autre petit, au sommet de chaque porte, à l'usage de l'éclusier : il se réduit à donner à l'entre-toise supérieure quelques pouces d'épaisseur de plus qu'aux autres, pour qu'un homme puisse y passer en se retenant à un garde-fou soutenu par les deux poteaux montans, qui excèdent pour cela de 4 pieds la hauteur des portes ; ou bien, aux écluses médiocres, on se contente d'une planche posée le long de chaque porte sur des corbeaux de fer.

Pour trouver les proportions des grandes écluses, il faut établir une règle générale qui servira de fondement pour tout le reste : elle se réduit à connaître la largeur qu'on veut donner entre les bajoyers, afin de déterminer les autres parties.

TABLE DE LA HAUTEUR DES MURS QUI FORMENT LES ÉCLUSES, SUIVANT LEURS DIFFÉRENTES LARGEURS.

La largeur sera déterminée d'après celle des bateaux en usage dans le pays.

LARGEUR des Écluses.			HAUTEUR DES MURS de dessus le Radier.		
pieds.	mètr.	millim.	pieds.	mètr.	millim.
48	15	592	30	9	745
45	14	618	28	9	096
42	13	643	25	8	121
			ou 24	ou 7	796
40	12	994	23	7	471
			ou 22	ou 7	146
36	11	694	21	6	822
			ou 20	ou 6	497
34	11	045	20	6	497
30	9	745	20	6	497
			ou 18	ou 5	847
27	8	771	18	5	847
24	7	796	18	5	847
21	6	822	18	5	847
			ou 15	ou 4	873
18	5	847	16	5	197
			ou 15	ou 4	873
16	5	197	15	4	875
15	4	873	13	4	223
			ou 14	ou 4	548
14	4	548	14	4	548
			ou 12	ou 3	898
12	3	898	12	3	898
9	2	924	12	3	898
			ou 19	ou 6	172
			ou 9	ou 2	924
6	1	949	9	2	924
			ou 6	ou 1	749

Ellipse. s. f. Est une des sections coniques qu'on appelle vulgairement *Ovale*.

L'ellipse s'engendre dans le cône, en coupant un cône droit par un plan qui traverse ce cône obliquement, c'est-à-dire non parallèle à la base, qui ne passe point par le sommet, et qui ne rencontre cette base qu'étant prolongé hors du cône, ou qui ne fait tout au plus que raser cette base.

L'ellipse, pour la définir par sa forme, est une ligne courbe, rentrante, continue, régulière, qui renferme un espace plus long que large, et dans laquelle se trouvent deux points également éloignés des deux extrémités de sa longueur, tels que, si on tire de ces points deux lignes à un point quelconque de l'ellipse; leur somme est égale à la longueur de l'ellipse. Les deux points sont éloignés des extrémités du petit axe, d'une quantité égale à la moitié du grand axe.

Empatement. s. m. C'est la plus large épaisseur d'une fondation de piles à son commencement. Il se dit aussi de la plus grande largeur d'un chemin dans sa base, lorsque les terres ont pris leur talus.

ENCAISSEMENT. s. m. C'est tout l'ouvrage de charpente dans lequel on coule à fond perdu de la maçonnerie, des pierres, etc., dont on revêtit une pile en forme de bâtardeau, soit avec des palplanches, soit avec des vannes. *Voyez Fondation.*

ENCASTRER. v. a. C'est pratiquer dans le roc un enfoncement pour y asseoir la première assise d'une fondation.

ENCORBELLEMENT. s. m. On appelle encorbellement toute saillie qui porte à faux hors le nu d'un mur, et qui est soutenue par plusieurs pierres saillantes, posées l'une sur l'autre, que l'on appelle *corbeaux*.

ENCRE. s. f. De la Chine, est celle dont on se sert pour dessiner, soit au trait, soit au lavis; elle est en pains ou bâtons, d'un noir velouté et un peu roussâtre. On la délaie en la frottant dans l'eau; elle se détrempe difficilement. Celle que l'on contrefait en Hollande et ailleurs ne peut remplacer l'encre de la Chine.

Pour rendre le lavis plus doux, on peut mêler à l'encre un peu de carmin et de gomme-gutte, mais en très-petite quantité.

Enduit. s. m. Est le revêtissement qu'on fait à un mur avec du plâtre ou du stuc, ou avec du mortier de chaux et sable, ou de chaux et ciment; ce qu'on nomme *incrustation*, et c'est ce que Vitruve désigne sous le nom de *corium* et *tectoria opera*. L'enduit pour la peinture à fresque est de mortier fait avec de la chaux vieille éteinte et de bon sable de rivière, bien passé au sas; mais il ne faut l'appliquer qu'une demi-heure avant que le peintre couche ses couleurs.

Enfourchement. s. m. Est l'angle solide formé par la rencontre de deux douelles de voûte. Le voussoir qui forme ces deux douelles a deux branches comme une fourche.

Entrepreneur. s. m. Est celui qui convient avec le Gouvernement ou un propriétaire quelconque de construire, faire exécuter, entretenir des travaux, moyennant une somme déterminée, et à des charges et conditions énoncées dans un devis.

Entretoise. s. m. Toute pièce de charpente qui sert à entretenir deux autres pièces à l'usage des cintres des ponts de charpente, des portes d'écluse, des bâtardeaux, etc.

Epi. s. m. Est une espèce de digue de maçonnerie ou de charpente et fascinage qu'on construit à certains endroits du bord d'une rivière, pour empêcher les dégrations, et contraindre le courant à s'en éloigner.

Ce n'est pas toujours par de grands travaux et par la solidité des matières dont on les compose, qu'on peut maîtriser les eaux d'un fleuve ou d'une rivière; on parvient plutôt par des moyens simples et peu dispendieux à fixer le cours des rivières.

Un simple clayonnage, assujéti par des pieux et des liernes, et doublé de manière à former un encaissement qu'on remplit ensuite de cailloux, vaut mieux que tous les grands travaux. D'ailleurs ces épis sont très-peu coûteux, et, multipliés de distance en distance, ils servent à contenir ou diriger les eaux.

Les fleuves qui coulent sur un fond composé de gravier, conservent très-rarement la même direction, parce que, poussant irrégulièrement devant eux le gravier, il s'amasse souvent en si grande quantité à certains endroits, qu'après avoir formé des bancs, ceux-ci forcent le courant à se détourner de son chemin ordinaire ; venant ensuite à rencontrer un terrain d'une faible résistance, il se creuse un nouveau lit, le plus souvent composé de plusieurs bras qui donnent lieu à la naissance des îles occasionnées par les atterissemens ; et ces attérissemens sont cause des sinuosités que le fleuve forme par la suite. Pour empêcher que cela n'arrive, il faut faire des digues qui obligent le courant de couler en droiture. Il y a quatre choses à examiner pour bien faire le tracé d'un épi : 1.° la position, eu égard à l'objet qu'on se propose ; 2.° l'angle que la face opposée au courant doit faire avec la rive adjacente ; 3.° sa longueur, par rapport à la largeur du fleuve ; 4.° la vîtesse et la direction des eaux.

Il y a une manière simple et peu coûteuse de former des attérissemens, et de garantir le rivage. Cette manière n'est applicable qu'à de petites longueurs de 40 et 50 toises. On place plusieurs poutres de sapin, de 7 à 8 pieds, de manière qu'elles couvrent ces 40 à 50 toises; on les perce par le bout, et on les attache les unes aux autres, en sorte qu'elles n'aient qu'un pied ou deux de liberté.

La première et la dernière sont attachées par un câble à un pilotis, qui est à 5 à 6 pieds en terre ferme, et pour que ces poutres ne heurtent pas contre le rivage, on attache des morceaux de bois de 8 à 9 pieds de long à chaque poutre, afin que si les vents les poussent contre terre, le rivage soit garanti des dégradations par ces espèces de bras.

Cette file de poutres ou de pieds d'arbres de peupliers ou trembles, qui font le même effet, tiennent par un câble, ainsi que je l'ai déjà dit, à un pilotis à la tête et à la queue, et ne peuvent cependant toucher au rivage, au moyen des morceaux de bois dont j'ai parlé.

A ces poutres de sapin ou à ces pieds d'arbres flottant sur l'eau au gré des vents, mais assujétis au rivage qu'on veut conserver, on attache des claies de 8 à 10 pieds de longueur, sur cinq de large; à leur branche d'en-bas, on fixe de petits paniers, dans lesquels on met des pierres pour assujétir par-là les claies et les faire tenir perpendiculairement dans l'eau comme une muraille : ces claies, qui tiennent aux poutres, excèdent d'un pied la surface de l'eau ; par ce moyen l'eau ne peut toucher au rivage, qu'elle n'ait passé auparavant au travers des claies qui la rompent. Alors, n'ayant plus de lame ni de tranchant, elle ne saurait dégrader les terres et le rivage ; au contraire, elle laisse tout son limon entre les claies et le rivage ; elle y forme un talus et un attérissement.

Épuisement. s. m. Action par laquelle on épuise les eaux qui sont dans l'enceinte d'un batardeau.

Les machines qu'on emploie ordinairement aux épuisemens, sont les chapelets, les hollandaises, les vis sans fin, les roues à tympans, les pompes, les bascules et les roues à aubes.

Des tous les moyens qui sont en usage pour l'épuisement, je n'en trouve pas de plus simple et dont le service soit plus actif que celui des baquets avec anses ou poignées. Par ce moyen quelques hommes que l'on relève d'heure en heure, peuvent épuiser nuit et jour à différentes hauteurs.

Il ne faut que le dérangement d'une clavette pour rendre inutile un chapelet. A l'aide des vis sans fin, il en coûte beaucoup de peine pour vider les eaux à une certaine profondeur.

Les hollandaises ne portent pas l'eau assez haut; les roues à tympans n'élèvent l'eau qu'à la hauteur de leur essieu et tiennent beaucoup de place; au lieu que les hommes qui baquettent n'occupent qu'un petit espace autour des fondations et des batardeaux. Dans la ci-devant Flandre, on a l'usage d'épuiser avec des vannes, et cette opération se fait avec une rapidité étonnante.

Equerre. s. f. Instrument fait de bois ou de métal, qui sert à tracer et mesurer les angles droits. Elle est composée de deux règles ou jambes, qui sont jointes ou attachées perpendiculairement à l'extrémité l'une de l'autre. Quand les deux branches sont mobiles, on appelle cet instrument *Biveau* ou *Fausse Equerre*.

— *Équerre d'arpenteur*. Cercle de cuivre de 4, 5 ou 6 pouces de diamètre. On le divise en parties égales par deux lignes qui s'entre-coupent à angles droits au centre : aux quatre extrémités de ces lignes et au milieu du limbe, on met quatre fortes pinules bien rivées dans des trous carrés, et perpendiculairement fendues sur ces lignes, avec des trous au-dessous de chaque fente, pour mieux distinguer les objets éloignés. On évide le cercle pour le rendre léger.

Au-dessous et au centre de l'instrument, se doit monter à vis une virole, qui sert à soutenir l'équerre sur son bâton de 4 à 5 pieds, suivant la hauteur de l'œil de l'observateur. Ce bâton est garni d'un fer pointu par le bout qui entre en terre, et l'autre bout est arrondi pour que la virole y reste juste.

Pour donner à cet instrument toute la précision dont il est susceptible, il suffit que les pinules soient bien exactement fendues à angles droits.

Equiangle. adj. Se dit des figures dont les angles sont égaux aux trois angles d'un autre triangle. On appelle ces angles *Équiangle entr'eux*.

Equilibre. s. m. Signifie une quantité de forces exactes entre deux corps qui agissent l'un contre l'autre.

Pour que deux corps ou deux forces soient en équibre, il faut que ces forces soient égales et qu'elles soient directement opposées l'une à l'autre.

Lorsque plusieurs forces ou puissances agissent les unes contre les autres, il faut commencer par réduire deux de ces puissances à une seule; ce qui se fera en prolongeant leur direction jusqu'à ce qu'elles se rencontrent, et en cherchant, par les règles de composition des forces, la direction et la valeur de la puissance qui résulte de ces deux là. On cherchera ensuite de la même manière la puissance résultante de cette dernière, et d'une autre quelconque des puissances données; et, en opérant ainsi de suite, on réduira toutes ces puissances à une seule : ou, pour qu'il y ait équilibre, il faut que cette dernière puissance soit nulle, où que sa direction passe par quelque point fixe qui en détruise l'effet.

Si quelques-unes de ces puissances étaient parallèles, il faudrait supposer que leur point de concours fût infiniment éloigné, et on trouverait alors seulement la valeur de la puissance qui en résulterait et sa direction.

Le principe de l'équilibre est un des plus essentiels de la mécanique, et on y peut réduire tout ce qui concerne le mouvement des corps qui agissent les uns sur les autres d'une manière quelconque.

Esmiller. v. a. C'est parer une pierre avec le marteau têtu.

Etrésillon. s. m. On appelle ainsi toute pièce de bois posée obliquement entre deux murs ou serrée entre deux dosses, pour empêcher l'éboulement des terres dans la fouille des tranchées d'une fondation, d'une culée, des murs en aîle de pont, etc.

Extrados. s. m. Est la curvité extérieure d'une voûte, d'une arche, des voussoirs d'un pont, comme l'intrados est celle du dedans.

F

Fausse coupe. s. f. C'est la direction d'un joint de tête, oblique à la douelle d'une voûte circulaire et d'une voûte plate, telle qu'une plate-bande; c'est la direction du joint de tête perpendiculaire au plafond, parce que dans la voûte circulaire, la direction des joints de tête doit être perpendiculaire à la douelle, et qu'au contraire, dans les voûtes plates, cette direction doit être oblique à leur plafond.

FAUSSE-ÉQUERRE, s. f. Est un instrument formé de deux règles plates, de bois ou de fer, qui sont mobiles l'une sur l'autre, par le moyen d'une charnière. Lorsque cet instrument est de fer, il prend le nom de *Compas d'appareilleur*. Les Charpentiers en emploient de semblables pour prendre les angles de l'étalon et tracer les bois.

FER. s. m. Métal imparfait qu'on tire des mines, et qui, après avoir subi différentes préparations, est mis en fusion par l'action du feu dans des fourneaux, et coulé en masses longues, ayant la forme d'un prisme triangulaire, qu'on appelle *gueuse*, pesant 15 à 1,800 livres et plus. Ces masses sont ensuite divisées par morceaux et formées en barres de différentes mesures et grosseurs, dans les affineries et fonderies.

C'est le plus dur, le plus élastique et

le plus utile de tous les métaux. Son premier usage fut sans doute pour l'agriculture, son second pour la guerre; ensuite, applicable aux arts, on est parvenu à en construire des chemins et des ponts.

On tire du fer dans toutes les parties de la terre, mais celui de Suède passe pour être de la meilleure espèce. Le fer a différens noms qui distinguent ses bonnes ou mauvaises qualités, ses façons et ses usages. Ces noms, étant surtout propres au langage des ouvriers, doivent être connus des Ingénieurs.

Fer cassant à froid, est celui qui a le grain gros et brillant à la cassure, qui est rude à la main, tendre au feu, se brûlant facilement, et qu'on ne peut tourner ni dresser à froid : tel est le fer de roche.

— *Doux*, est celui qui est noir dans la cassure, malléable à froid, difficile à se casser, tendre à la lime, qui est moins clair et moins luisant au poli, et a des taches grises : tel est le fer de la ci-devant province de Berry.

— *Rouverain* ou *rouvelin*, est celui qui a des gerçures au travers des barres; il est pliant et malléable à froid, mais cassant à chaud, rendant une odeur de soufre à la forge; il est sujet aux pailles et aux grains : c'est le défaut des fers d'Espagne.

— *Blanc*, est celui qui est fabriqué en plaques de différentes longueurs, largeurs, épaisseurs, et qui est étamé.

— *Carré*, se dit de tous les fers, depuis 9 (0,020) à 10 (0,023) lignes, jusqu'à 3 pouces ½ et 4 pouces (0,095 et 0,018) carrés.

— *Côte de vache*, est tout fer refondu dans les fonderies, qui n'a point de vive arrête, et est rempli de bavures.

— *De bandage*, est tout fer méplat.

— *Demi-laine*, est un fer méplat dont on se sert pour l'armature des bornes et seuils de portes : il a 26 à 28 lignes (0,059 à 0,063) de large, sur 6 à 7 (0,014 à 0,016) d'épaisseur.

— *Cornette*, est un fer méplat de 5 à 7 pouces (0,135 à 0,189) de largeur, sur 6 à 8 lignes (0,014 à 0,018) d'épaisseur, dont on fait des encoignures.

— *Rond*, celui dont on fait des tringles, etc.

Ferme. s. f. Est, dans les bâtimens, un assemblage de charpentes formé d'un entrait, de deux arbalêtriers et d'un poinçon, qu'on place de distance en distance pour porter les pannes, faîtes et chevrons d'un comble.

Feu. s. m. Fluide élémentaire qui échappe à nos yeux à cause de sa grande subtilité; il se rencontre dans tous les corps.

Le feu a deux caractères bien distincts : la lumière que nous discernons à la simple vue, et la raréfaction de tous les corps solides et fluides où le feu se trouve. Ces deux caractères ne sont pas essentiellement réunis, car il peut y avoir lumière sans chaleur, et chaleur sans lumière. La lune, par exemple, éclaire et n'échauffe pas; l'eau et l'huile bouillantes chauffent sans éclairer.

Le feu pénètre tous les corps, tant les solides que les fluides, et en les raréfiant, en augmente le volume. Ainsi, tous les corps répandus sur la surface du globe, et par conséquent exposés aux rayons du soleil, sont plus échauffés en été qu'en hiver, et se raréfient chaque jour de plus en plus à mesure que l'été approche et que l'hiver s'éloigne.

La propriété qu'a le feu de raréfier les fluides, a conduit les philosophes de Florence à la découverte du thermomètre; que M. de Réaumur a perfectionné.

Le feu est pesant, car il augmente le poids des corps dans lesquels il est introduit.

Je ne m'étendrai pas sur les effets et les propriétés de cet élément dont l'analyse est spécialement du ressort de la physique.

Fil. s. m. C'est, dans les marbres et dans les pierres, une veine ou petite fente qui divise la masse : toute pierre qui a quelque fil ne doit pas être employée.

— *Dè bois*. Ce sont les traces qu'on voit en longueur dans les bois, surtout dans ceux de l'Europe; on n'en aperçoit pas de même dans les bois compactes des Indes et de l'Amérique.

File. s. f. Longue suite de choses disposées en ligne droite : telles sont les files de pieux, de pal-planches qu'on bat au refus du mouton, pour le fondement des travaux hydrauliques.

Flache. s. f. C'est, sur les routes, une partie de pavé enfoncé ou brisé sur sa forme par le poids des voitures, ou parce qu'il a été mal réparé; c'est, en général, toutes les parties creuses d'une chaussée en pavé ou en cailloutis, où l'eau séjourne.

Fluide. adj. Ceux qui ne sont pas Physiciens confondent souvent les fluides avec les liquides; cependant il y a une distinction à faire. Par exemple, l'air et la flamme sont des corps fluides: l'eau, l'huile, le mercure sont des corps fluides et liquides en même tems. Tout liquide est fluide, mais tout fluide n'est pas liquide. Une propriété distinctive des liquides est de chercher à s'étendre, jusqu'à ce que la surface soit de niveau. Ainsi, le sable fin est un fluide; mais il n'a pas la propriété essentielle des liquides, puisque ses parties ne cherchent pas à se mettre de niveau entre elles.

Fondation. s. f. Ce terme doit s'entendre du commencement des travaux d'une construction quelconque. C'est l'ouverture fouillée en terre, dans laquelle on jette les fondemens d'une pile, d'une culée, d'une écluse, et de toutes les autres maçonneries.

Le principal objet des fondemens doit être l'affermissement du terrain sur lequel ils posent, et toutes les opérations doivent se diriger vers ce but essentiel.

La première idée qui a dû se présenter à ce sujet, et qui s'est effectivement présentée, a été d'enfermer de toutes parts, l'espace dans lequel on voulait travailler, pour empêcher l'eau d'y entrer, et de vider avec des machines celle qui y était contenue. Cette méthode a été en effet suivie jusqu'à présent par la plupart de ceux qui ont conduit de semblables ouvrages.

Mais cette manière de fonder les ouvrages est lente, incertaine et dispendieuse. Il était donc important de trouver d'autres méthodes pour établir solidement les fondations de ces sortes d'ouvrages, et de perfectionner les anciennes dans le cas où l'on serait obligé de les employer.

Après avoir fait une enceinte de pieux et dressé un échafaud dessus ces pieux, proche de l'emplacement sur lequel on veut établir une fondation, on y fait arriver un grillage de charpente, portant un assemblage qui sert à le fixer à la profondeur requise contre les pieux de l'échafaud : on chasse un pilot dans chaque case du grillage, et un rang de fortes pal-planches jointives au pourtour ; le tout est ensuite récépé avec une scie montée sur un assemblage de forme prismatique, triangulaire à l'affleurement du dessus du grillage, sur lequel la lame porte à plat, et se trouve conduite par des hommes qui la font mouvoir au-dessus de l'eau. On descend ensuite au pourtour du grillage, à quelques pieds en dedans de son bord extérieur, des quartiers de pierre, par carreaux et boutisses d'un haut appareil. Au défaut de pierres assez hautes, on en place plusieurs égales l'une sur l'autre, au moyen d'un châssis de fer qui les assujettit entre elles fortement, et de manière qu'on peut les couler et ficher en mortier sur l'échafaud supérieur ; après quoi on les descend sur le grillage, où elles sont facilement alignées, parce que leur surface doit être assez élevée pour pamaître au-dessus de l'eau : les châssis de fer sont dévêtis par les côtés pour servir successivement à la pose des autres pierres; des goujons de fer, portant à leur tête un crampon, entretiennent solidement et lient ces pierres entre elles. Le pourtour d'une pile ou d'une culée étant achevé de la sorte, on garnit son intérieur avec une ou plusieurs assises de forts quartiers de pierres ou libages, et de bon mortier de chaux et ciment. Ce moyen est bon lorsque les fondations ne sont pas profondes; mais s'il y a beaucoup de profondeur d'eau, il faut fonder avec un caisson, c'est-à-dire par encaissement, en établissant ces caissons sur des pilots battus au refus du mouton, et ensuite récépés de niveau à la profondeur convenable sous l'eau. (*Voyez l'Encyclopédie de l'Ingénieur*, art. *Fond*).

Si l'on fonde par le moyen des batardeaux, il faut commencer par les déblais de l'intérieur, avant de fonder la pile; la consistance ou la mobilité du fond indique les différens partis que l'on doit prendre. Si le fond est de consistance, il est ou en rampe ou de niveau, il est de roc ou d'autres terrains plus ou moins solides ; mais, de quelque nature que soit le terrain de consistance, on doit le mettre de niveau, soit dans le tout, soit en partie et par ressauts, et établir dessus la maçonnerie qu'on encastrera de quelques pouces, si le temps et les épuisemens le permettent, et suivant la disposition du terrain.

On établira ensuite la première assise de pierres de taille, de même que tous les paremens jusqu'à la hauteur des plus basses eaux, où l'on commence ordinairement la naissance des arches suivant leur plus ou moins d'élévation. Les fondations en paremens seront faites avec des retraites, suivant la hauteur des assises qui doivent être toutes de niveau. Le restant de l'ouvrage sera bâti suivant l'art, et avec les matériaux que le pays peut fournir, soit en moëllons de carrière soit avec des briques.

Si le fond qu'on a déblayé n'est pas de consistance, et qu'on se soit proposé de fonder les piles du pont avec des grillages peuplés de pilots de remplage et de bordage avec des pal-planches, entre des pilots à rainures et sans rainures, on doit avoir soin que cette charpente soit toute prête à être placée, afin d'épargner les épuisemens qui causent de très-grands frais.

On pose premièrement la charpente de la grille; 2.° les pilots de remplage, en observant de commencer par ceux du centre, et suivant ainsi toujours en tournant jusqu'à la circonférence où doivent être plantés ceux de bordage. Si l'on commençait par ceux-ci, le gravier qu'ils environneraient se trouverait si fort resserré, qu'il ne serait pas possible d'y battre ensuite les pilots de remplage, parce que le terrain serait trop compact; ce qui fait voir qu'on peut, sur un terrain de mauvaise consistance, renfermé par des pilots de bordage et des pal-planches avec un grillage au milieu, fonder sûrement un corps de pile sans pilots de remplage; parce que le terrain renfermé forme un corps serré et si dur, qu'il peut supporter quelque poids que ce soit.

Il n'y a donc pas de doute, que lorsqu'on enferme un terrain de mauvaise consistance avec des pal-planches, on ne puisse le rendre solide; plus les pal-panches sont profondes, plus l'ouvrage qu'on bâtit est durable.

Quand les fondations sont toutes sur le roc, où un courant d'eau ne peut pas permettre d'établir un pilotage, et que le roc est entièrement à découvert du gravier, mais seulement couvert d'une certaine hauteur d'eau, on doit prendre les précautions suivantes pour y établir la fondation d'une pile. Quand il ne s'agit que de rompre ou d'unir quelques pointes de roc dans l'eau, et qu'il n'est nullement nécessaire d'établir un batardeau, on se sert de la mine, pourvu que ce ne soit qu'à deux ou trois pieds de profondeur. On fait le trou avec l'aiguille, que l'on bat à l'ordinaire de 12 à 15 pouces de profondeur : on y scelle avec du gravier simplement, une boîte de fer-blanc de calibre, chargée de poudre, et qui a sa fusée au-dessus de l'eau, par le moyen d'un petit tuyau de fer-blanc auquel on met le feu.

Quand il faut creuser plus profondément dans le roc et sous la surface des eaux, on se sert d'un encaissement, en façon de tonneau, fait exprès, ouvert des deux bouts, qui doit avoir six pouces plus haut que la superficie des eaux, et 8 à 9 pieds de diamètre; on place ce tonneau dans l'eau, en sorte que le roc que l'on veut percer se trouve au milieu. On surcharge l'encaissement pour que le courant de la rivière ne l'emporte pas.

On a ensuite un autre encaissement, plus petit de diamètre que le précédent, mais de même hauteur, que l'on place au milieu du premier, précisément à l'endroit où l'on doit creuser le calibre du pilot. Ce tonneau est ouvert par les deux bouts, et on le surcharge pour l'assurer. Cette disposition d'encaissement laisse un espace plein d'eau entre les deux. Après cette opération, on bat toutes les douves de ces tonneaux en encaissement pour les faire porter pareillement sur les inégalités du roc sur lesquelles on les a placées, sans y laisser aucun sable ni gravier entre deux. On garnit d'un couroyement de terre glaise l'entre-deux des encaissemens; on épuise ensuite l'eau qui est dans le milieu, où un ouvrier se place à sec et fait le trou du pilot dans le roc à la profondeur qu'on lui demande.

On fonde encore par enrochement; cette méthode, connue des anciens, est peut-être la meilleure, surtout quand on fonde dans la mer, parce qu'à mesure qu'on forme les lits de pierre ; la mer les couvre de son limon et d'une quantité innombrable de coquillages qui s'y attachent, sans parler du sable qu'elle dépose dans leurs interstices. Toutes ces choses ensemble donnent lieu à une connexion qui fait qu'au bout de quelque tems les pierres se trouvent naturellement unies les unes aux autres, de manière à ne plus former ensemble qu'un seul corps.

Pour disposer le sommet de l'enrochement à recevoir la maçonnerie qui doit le couronner, il faut commencer par faire une grande quantité de mortier, composé de moitié sable et gros gravier, avec une égale quantité de chaux vive et de pozzelane, bien mélangés et couroyés ensemble; on y ajoute une quantité de petites pierres et cailloux, gros à peu près comme des noix. On formera des tas de ce mortier à portée de l'ouvrage ; on le laissera sécher pendant vingt-quatre heures, et, lorsqu'il sera en état d'être pioché, l'on en remplira des bernes, dont le fond doit être fait en soupape ou clapet, afin de les vider le plus près que l'on pourra du sommet de l'enrochement, pour que le mortier ne se délaye pas trop en traversant l'eau. En s'y prenant de la sorte, on en fera un lit sur toute l'étendue de sa surface pour pénétrer les vides qui y seraient restés, après quoi l'on y répandra, le plus également qu'il sera possible, d'autres cailloux plus gros que les précédens, que l'on pressera de haut en bas avec une espèce de rabot plat pour les enfoncer dans le mortier. On répétera cette manœuvre en étendant alternativement un lit de mortier et un autre de cailloutages, Jusqu'à ce qu'on soit parvenu à un pied au-dessous des mortes-eaux, prenant bien garde d'araser de niveau le dernier lit qui doit recevoir la première assise de maçonnerie.

Pour marquer les alignemens qu'il faudra donner à une jetée, un môle, ou toute autre espèce d'ouvrage qu'on veut établir dans la mer, on se sert de ce que les marins appellent *Bouées*. Ce sont plusieurs morceaux de liége passés dans une corde appelée *Boirin*, arrêtée au fond de l'eau par une grosse pierre posée au-dessous de l'endroit où l'on veut que la bouée paraisse flottante, ce qui se fait en proportionnant la longueur de la corde à la profondeur de la mer.

Ces bouées ainsi placées de distance en distance, forment ensemble une espèce de chapelet, qui figure assez exactement le tracé que l'on doit suivre. On plante aussi un ou deux pilots à chaque angle, auxquels on attache des perches, ayant au bout de petites banderoles afin de rendre les alignemens sensibles, et de se conduire avec plus de certitude; après quoi l'on fait travailler de front trois ou quatre machines à creuser les ports, suivies d'autant d'autres, pour creuser les fondemens de la jetée jusqu'au ferme, et afin d'enlever la vase.

Forces centrales. On donne ce nom aux forces centripètes et centrifuges réunies.

Fossé. s. m. Est, en général, une ouverture de terre, en longueur, qui sert à empêcher un passage, et qu'on construit le long des grands chemins pour dessécher la chaussée par l'écoulement des eaux. On fait ordinairement ces fossés de 6 pieds de largeur. Les fossés creusés pour séparer les propriétés n'ont ordinairement que 2 pieds de largeur dans le fond, et 3 pieds dans le haut.

Un fossé de 4 pieds de large en haut

doit avoir 2 pieds ½ de profondeur; si on le fait de 5 pieds, il doit en avoir 3, et ainsi à proportion.

On ne taille jamais les fossés perpendiculairement, mais en talus, en raison de la ténacité des terres, et pour éviter leur éboulement.

Sur les grandes routes, la voie publique doit s'étendre encore de 3 pieds au-delà des fossés qui la bordent.

Il y a plusieurs observations à faire sur les fossés, qui sont souvent disputés entre deux voisins :

1.° Dans le doute, les fossés sont déclarés communs aux deux voisins;

2.° Si la terre du fossé a été jetée également sur les bords des deux côtés, le fossé est de même commun ;

3.° Le fossé est censé appartenir au propriétaire du fonds sur lequel a été jetée la terre extraite du fossé;

4.° Si un propriétaire établit, par des titres ou par des bornes que le fossé lui appartient, la coutume qu'aurait prise son voisin, de jeter la terre de son côté ne lui en constituerait pas la propriété; la prescription ne prévaut pas sur des titres ou des bornes.

Frette. s. f. Cercle de fer dont on arme la couronne d'un pieu, d'un pilot, d'une pal-planche, etc., quand on les bat au refus du mouton.

Frottement. s. m. Tous les corps, sans en excepter même ceux qui paraissent les plus polis, ont une certaine rudesse ou âpreté qu'il ne dépend pas de l'art d'adoucir; tous les corps sont percés, tant à la surface que dans l'intérieur, d'une infinité de petits trous, qu'on appelle leurs pores, et sont, à cet égard, de vrais cribles, en sorte que l'air et les autres fluides peuvent les pénétrer et passer au travers.

Quoique les inégalités des corps ne soient pas toujours sensibles à la vue et au toucher, elles ne laissent pas de se manifester par les effets; car, si on frotte deux marbres bien polis, on en voit naître à la fin une poussière fine, et l'on y aperçoit des traits que l'on n'y voyait pas auparavant; ce qui prouve que les parties solides des corps sont autant de pointes qui s'engrennent et s'emboîtent les unes dans les autres, déchirent leur surface et les sillonnent lorsqu'on les fait mouvoir. C'est cet engrenage ou emboîtement réciproque, en tant qu'il retarde les corps qui se meuvent en se touchant par quelques parties de leurs surfaces, qu'on appelle leur *frottement.* Les anciens bâtissaient à pierre sèche; ils frottaient les pierres les unes contre les autres, les usaient et les posaient ensuite l'une sur l'autre. Elles acquéraient, par ce moyen, une telle adhérence, que, par la suite, aucune force ne pouvait les séparer.

La grandeur des surfaces ne change rien à la quantité du frottement, laquelle demeure toujours la même tant que la charge du plan ou l'effort perpendiculaire qui la produit est la même.

G.

Garde-corps. s. m. Appelé improprement *garde-fou*, est, en général, un obstacle posé au bord des endroits ou passages élevés; tels sont les parapets de maçonnerie ou de charpente des ponts, des quais, etc.

Géodésie. s. f. C'est une partie de la géométrie pratique, qui enseigne à partager les terres; c'est proprement l'art de diviser une figure quelconque, en un certain nombre de parties. Or cette opération est toujours possible, ou exactement, ou au moins par approximation. Si la figure est rectiligne, on la divisera d'abord en triangles qui auront un sommet commun, pris où l'on voudra; on calculera ensuite l'aire de chacun de ces triangles, et par conséquent on aura la valeur de chaque partie de la surface, et on connaîtra par-là de quelle manière il faut diviser la figure.

Si la figure que l'on se propose de diviser est curviligne, la méthode la plus simple dans la pratique, consiste à diviser la circonférence de la figure en parties sensiblement rectilignes, à regarder par conséquent la figure comme rectiligne et la diviser ensuite selon la méthode précédente.

Glaise. s. f. Terre grasse qui, étant pétrie, sert à faire de la brique, des tuiles, etc. On s'en sert aussi pour retenir l'eau dans les bassins, réservoirs, batardeaux, etc. La meilleure doit être d'une couleur bleuâtre, d'un grain fin, douce au toucher, sans mélange de marne et d'autres terres.

Gomme arabique. s. f. Suc aqueux et gluant, qui n'a point de couleur et qu'on emploie dissoute dans l'eau pour délayer les couleurs propres au lavis.

Gomme gutte, est une gomme résineuse, qui, délayée dans l'eau, fait une couleur jaune très-belle, qu'on emploie pour le lavis.

Graticuler. v. a. Ce mot exprime la manière dont, ordinairement, les artistes ou Ingénieurs transportent une composition ou une ordonnance sur une carte, qu'ils veulent suivre d'une surface sur une autre, dans la proportion et la grandeur qui leur convient.

Gravier. s. m. Est le gros sable qu'on trouve au fond et sur le bord de la mer et des rivières, composé de petits cailloux, mêlés de fragmens de pierres; il ne diffère du sable que parce que ses parties sont plus grossières et moins homogènes que les siennes.

On fait usage de gravier pour les

grands chemins ; surtout en seconde couche, ce qui procure des routes très-unies et beaucoup plus commodes que le pavé pour les voitures.

Gravité. s. m. C'est la force appelée généralement pesanteur, et en vertu de laquelle les corps tendent vers la terre.

Il y a cette différence entre pesanteur et gravité, que gravité ne se dit jamais que de la force ou cause générale, qui fait descendre les corps ; et que pesanteur se dit de l'effet de cette force dans un corps particulier : ainsi on dit, la force de la gravité pousse les corps vers la terre, et la pesanteur spécifique du plomb est plus grande que celle du cuivre.

Grès. s. m. Tel est le nom que l'on donne à une pierre très-connue, formée par l'assemblage de petits grains de sable qui sont joints les uns aux autres par un gluten ou lien qui nous est inconnu. Les particules de sable qui composent le grès, sont plus ou moins grandes, cependant l'œil peut presque toujours les apercevoir. Il se trouve, soit en masses ou roches informes, soit par couches dont l'épaisseur est quelquefois considérable ; il varie pour la consistance et la liaison de ses parties. Quand il est solide, il fait feu avec le briquet, mais ordinairement il se met facilement en grains. Sa composition lui donne une cassure grenue; sa dureté est en raison de la force avec laquelle sont unies les molécules qui le composent. Le grès le plus pur est aussi le plus dur et le plus blanc. Au chalumeau le grès est infusible. C'est de cette espèce de pierre dont on se sert pour paver les rues et les grandes routes. Il s'en trouve une grande quantité du côté de Fontainebleau.

La poudre de grès ne vaut rien pour faire le mortier, elle est trop grasse; et la chaux ne s'y frappe pas; le ciment fait plutôt prise avec le grès.

Grillage. s. m. Assemblage de grosses et longues pièces de bois qui se croisent carrément, formant des espaces égaux tant pleins que vides, qu'on place sur un terrein de glaise ou d'argile, pour y asseoir les fondemens d'un édifice.

Lorsque le terrain est marécageux, ce grillage est posé sur des pilots qu'on a enfoncés auparavant au refus du mouton.

Grue. s. f. Est la plus grande machine dont on puisse se servir, dans les différens travaux, pour enlever de grands fardeaux et les poser à leur place.

A proprement parler, la grue est un composé du treuil et de la poulie; ainsi, pour connaître l'effet de cette machine et sa force, il ne faut qu'y appliquer ce que nous dirons de ces deux machines. (Voy. art. *Poulie* et *Treuil*.)

Gypses. s. m. On appelle gypses ou pierres gypseuses, toutes les pierres que l'action du feu change en plâtre : ainsi le gypse ou la pierre à plâtre sont la même chose, et le plâtre est le produit que donne le gypse quand il est calciné.

Les gypses sont des pierres très-tendres; leur tissu est ordinairement si peu serré, qu'il est possible de les entamer avec l'ongle et de les pulvériser entre les doigts; ils ne donnent point d'étincelles lorsqu'on les frappe avec le briquet; ils ne sont point solubles dans les acides.

Les gypses varient par la couleur et par la figure; c'est pourquoi on en compte plusieurs espèces. La plus connue et la plus ordinaire est celle qu'on nomme *pierre à plâtre* : elle se divise en masses d'une figure indéterminée. Au premier coup-d'œil, elle offre quelque ressemblance avec la pierre à chaux, et ensuite avec le grès; elle paraît remplie de points luisans, comme on en voit au sucre brut : elle est ou blanche ou d'un gris clair; on en trouve des carrières à Montmartre, près Paris.

H

Hallage. s. m. Il désigne l'action de remonter et tirer un bateau. C'est aussi le chemin destiné à la même opération, qu'on appelle *chemin du hallage*. Ce chemin, pratiqué sur le bord des rivières devrait toujours être tenu libre, conformément aux ordonnances.

L'article 7 de l'édit du roi de 1607, maintenu depuis par divers réglemens successifs, ordonne aux propriétaires des héritages aboutissans aux rivières navigables, de laisser, le long des bords, 24 pieds au moins de largeur, pour chemin royal, et traits de chevaux, sans qu'ils puissent planter arbres, ni tenir clôture ou haies plus près que trente pieds du côté que les bateaux se tirent, et dix pieds de l'autre bord, à peine de cinq livres d'amende, confiscation, etc. Mais ces réglemens, ces lois, malgré leur sagesse et leur nécessité, n'en sont pas mieux exécutés : c'est aux Ingénieurs à y tenir la main.

Harpes. s. f. On nomme ainsi, dans la maçonnerie, les pierres qu'on laisse saillantes à l'extrémité d'un mur, pour faire liaison avec la continuation qu'on pourra faire par la suite.

Hauteur. s. f. Se dit en général de l'élévation d'un corps au-dessus de la surface de la terre ou au-dessus d'un plan quelconque.

La hauteur d'une figure, en géométrie, est la distance de son sommet à sa base, ou la longueur d'une perpendiculaire abaissée du sommet à sa base.

Il y a trois moyens de mesurer les hauteurs : on peut le faire géométriquement, trigonométriquement et par l'optique. Le premier est un peu indirect et demande peu d'apprêt ; le second se fait avec le secours d'instrumens destinés à cet usage; et le troisième par les ombres.

Les instrumens dont on fait principalement usage pour mesurer les hauteurs, sont le quart de cercle, le graphomètre, etc.

Hétérogène. adj. Se dit d'une chose de nature ou de qualité différente d'une autre, ou d'une chose dont les parties sont de nature différente : il est opposé à *homogène*.

Hétérogène, s'entend, dans la mécanique, des corps dont la densité n'est pas égale partout.

Dans les corps hétérogènes, la pesanteur d'une partie quelconque n'est pas proportionnelle au volume de cette partie.

Heurt. s. m. Est l'endroit le plus élevé de la pente d'une chaussée ou d'un pont.

— *De conduite*, est la partie d'un tuyau de conduite qui est plus élevée qu'elle ne devrait l'être relativement à son niveau de pente, par quelque sujétion qui se rencontre dans sa direction, comme une voûte ou un roc, par dessus lesquels on la fait passer.

Hexagone. s. m. Figure composée de six angles et de six côtés.

Un hexagone régulier est celui dont les angles et les côtés sont égaux.

Le côté d'un hexagone est égal au rayon du cercle qui lui est circonscrit.

Pour décrire un hexagone régulier sur une ligne donnée, on forme un triangle équilatéral ; le sommet sera le centre du cercle circonscriptible à l'hexagone que l'on demande.

Hollandaise. s. f. Machine en forme d'une grande pelle, suspendue par une corde entre trois soliveaux croisés, pour servir aux épuisemens d'une fondation. Comme elle n'élève pas beaucoup les eaux, on ne l'emploie pas communément, on en fait de fer-blanc, à l'usage d'un homme seul. Cette machine peut élever l'eau à trois pieds au-dessus des excavations.

Hydraulique. s. f. Science qui enseigne à mesurer, conduire et élever les eaux. On appelle *Architecture hydraulique*, celle qui renferme la construction des ports, ponts, digues, jetées, canaux, murs de quai, etc. L'hydraulique traite non-seulement de la conduite et de l'élévation des eaux, des machines propres à cet effet, mais encore des lois générales du mouvement des corps fluides.

Il ne faut pas confondre l'hydrostatique, avec la science hydraulique.

L'hydrostatique considère l'équilibre des fluides qui sont en repos, en détruisant l'équilibre ; il en résulte un mouvement, et c'est là que commence l'hydraulique.

Hydromètre. s. m. Machine propre à déterminer la pesanteur spécifique tant des solides que des liquides.

I

Ingénieur. s. m. Relativement aux ponts et chaussées, c'est celui qui est instruit de tout ce qui regarde la construction des ponts, des chemins, des quais, des canaux, etc., et qui est chargé d'en diriger les travaux.

Un Ingénieur doit connaître parfaitement toutes les parties qui traitent de son art : mathématiques, dessin, perspective, taille des pierres; il doit avoir des connaissances générales sur la physique, la chimie, l'histoire naturelle, etc., etc. Et ce n'est souvent que par une longue pratique des plus profondes théories qu'il apprend à lever facilement tous les obstacles, et qu'il parvient à enrichir le domaine de la science de quelques découvertes intéressantes.

Isopérimètres. adj. Les figures isopérimètres sont celles dont les circonférences sont égales.

Il est démontré, en géométrie, qu'entre les figures isopérimètres, celles-là sont les plus grandes qui ont le plus de côtés ou d'angles; d'où il suit que le cercle est, de toutes les figures qui ont la même circonférence que lui, celle qui a le plus de capacité.

Cette proposition peut se démontrer aisément, si on compare le cercle aux seuls polygones réguliers. Il est facile de voir que, de tous les polygones réguliers isopérimètres, le cercle est celui qui a la plus grande surface. En effet, supposons, par exemple, un cercle et un otogone régulier, dont les contours soient égaux, le cercle sera au polygone comme le rayon du cercle est à l'aposthême du polygone. Or, l'aposthême du polygone est nécessairement plus petit que le rayon du cercle; car s'il était égal ou plus grand, alors, en plaçant le centre de l'octogone sur celui du cercle, l'octogone se trouverait renfermer exactement le cercle, et le contour de l'octogone serait plus grand que celui du cercle; ce qui est contraire à l'hypothèse. De deux triangles isopérimètres qui ont une même base, dont l'un a deux côtés égaux, et l'autre deux côtés inégaux, le plus grand est celui dont les côtés sont égaux.

Entre les figures isopérimètres qui ont un même nombre de côtés, celle-là est la plus grande, qui est équilatérale et équiangle. De là résulte la solution de ce problème:

« Faire que les haies qui renferment un « arpent de terre, ou telle autre quantité « déterminée d'arpens, servent à enfer- « mer un nombre d'arpens de terre beau- « coup plus grand. »

Car si une portion de terre, par exemple, a la figure d'un parallélogramme, dont un de ses côtés soit de 20 toises et l'autre de 40, l'aire de ce parallélogramme sera de 800 toises carrées; mais si on change ce parallélogramme en un carré de même circonférence, dont l'un des côtés soit 30, ce carré aura 900 toises carrées de superficie.

J

Jalons. s. m. Ce sont des bâtons droits, longs de 5 à 6 pieds, unis et planés par un des bouts qui s'appelle *la tête du jalon*, et aiguisés par l'autre bout pour le ficher en terre. Ils servent à prendre de longs alignemens et souvent on garnit leurs têtes de cartes ou de papier, pour les distinguer de loin dans le nivellement.

On en fait aussi de fer, ayant à leur extrémité supérieure une bobèche, dans laquelle on met un bout de mèche allumée pour dresser des alignemens pendant la nuit.

Jauge. s. f. Règle de bois d'un pied de long et de 18 lignes de largeur, dont les charpentiers se servent, non-seulement pour tracer la hauteur des mortaises et l'épaisseur des tenons, mais aussi pour tracer les différentes coupes de trait de leur ouvrage : c'est aussi un bout de bois de latte, sur lequel on marque la hauteur et la largeur d'une tranchée de fondation, pour la continuer également dans toute sa longueur.

En hydraulique, on appelle *Jauge*, une boîte de bois carrée, bien assemblée, peinte à l'huile ou goudronnée : on la fait aussi de cuivre ou de fer-blanc. Cette boîte contient une cuvette percée, par devant, de plusieurs ouvertures circulaires, d'inégale grosseur, qui vont depuis deux lignes jusqu'à 1 pouce de diamètre; il y a souvent des tuyaux appelés *Canons*, qui ont des couvercles attachés à une petite chaîne, pour les boucher et les déboucher à volonté : la jauge est meilleure sans canons, il y a moins de frottement; elle est séparée dans le milieu par une cloison de même matière, appelée *Languette de Calme*, servant à calmer la surface de l'eau que le tuyau de la source amène avec impétuosité, et à empêcher qu'elle ne vienne en ondoyant vers la languette du bord, où sont percés les orifices des jauges, ce qui interromprait le niveau de l'eau, augmenterait sa force, et par conséquent sa dépense. Les cloisons ou languettes de calme ne touchent point au fond des cuvettes; elles ont environ 4 lignes de jour en bas, pour que l'eau puisse remonter dans l'autre partie de la cuvette, et se communiquer partout.

On fait entrer dans une cuvette l'eau d'une source, et ensuite on la vide par ses ouvertures : si elle fournit un tuyau bien plein, elle donne un pouce d'eau; si elle en remplit deux, elle procure deux pouces, ainsi des autres : quand elle ne remplit pas entièrement l'ouverture d'un pouce, on ouvre celle d'un demi-pouce, d'un quart, etc., etc. On rebouche alors avec des tampons de bois tous les autres trous, on tient l'eau dans la cuvette une ligne plus haut que les ouvertures de la jauge : ainsi elle doit être 7 lignes au-dessus du centre de chaque trou ou canon.

On bouche avec le doigt, ou un tampon de bois, le trou circulaire du tuyau, jusqu'à ce que l'eau soit montée une ligne au-dessus, et on la laisse couler ensuite pour juger de son effet; alors l'eau se trouve un peu forcée et le tuyau est entretenu bien plein. Si, au lieu d'une ligne, on faisait monter de 2 ou 3 lignes au-dessus de l'orifice des jauges, elle serait alors trop forcée, et dépenserait beaucoup plus; l'eau étant donc tenue une ligne au-dessus de l'orifice d'un pouce ou à 7 lignes de son centre, et coulant par le trou circulaire d'un pouce, dépense, pendant l'espace d'une minute, 13 pintes $\frac{1}{2}$, mesure de Paris, ce qui donne par heure, 2 muids $\frac{5}{4}$ et 18 pintes; le pied cube étant de 36 pintes, huitième du muid; et l'on aura par jour 67 muids $\frac{1}{2}$, sur le pied de 188 pintes le muid.

Le pouce carré qui a douze lignes en tous sens, multiplié par lui-même, produit 144 lignes carrées. Il est constant que le pouce circulaire contient également 144 lignes circulaires, parce que les surfaces des cercles sont entre elles comme les carrés de leur diamètre; cependant le pouce circulaire est toujours plus petit que le carré, à cause des quatre angles. L'usage est de diminuer le quart de 144 lignes, pour avoir la proportion du pouce carré au pouce circulaire; ce qui est trop, puisque, par la proportion du carré au cercle qui est de 4 à 11, on trouve dans la superficie du pouce carré de 144 lignes, celle du pouce circulaire qui est de 13 lignes 2 points, au lieu qu'en ôtant le quart de 144 qui est 36, il ne reste que 108. Ce même pouce circulaire, qui donne en une minute 3 pintes $\frac{1}{2}$, mesure de Paris, en donnerait, étant carré, près de 18 pintes même mesure.

Quoique l'on ait préféré de donner aux tuyaux la forme circulaire, parce que, n'ayant point d'angles, elle est moins sujette aux frottemens, et moins exposée à se détruire, on devrait donner aux jauges la forme carrée, et il y en a déjà plusieurs exemples dans les fontaines de Paris; alors on aurait moins de difficulté pour calculer la dépense des eaux et les distribuer.

Joint. s. m. Est, en général, l'intervalle qui reste entre deux pierres, après qu'elles sont posées, et qu'on remplit avec du mortier, du plâtre ou du ciment.

— *Joints en coupe*, sont les joints inclinés des voussoirs et claveaux tendans au centre d'une voûte.

— *Carrés*, sont ceux qui sont d'équerre avec les lits d'une pierre.

— *Joints de tête ou de face*, sont les

joints en coupe, qui sont apparens au parement d'une arcade.

— *De lits*, sont des joints en coupe des voussoirs et claveaux, et les joints de niveau des cours d'assises.

— *De douelle*, sont les joints qu'on voit dans toute la longueur d'une voûte ou dans l'épaisseur d'un arc, tant à l'extrados qu'à l'intrados.

— *De recouvrement*, sont ceux qui se font par la pose d'une pierre sur la queue d'une autre.

— *Feuillés*, sont ceux qui se font avec deux pierres auxquelles on a fait une feuillure, à l'une par dessus, à l'autre par dessous et qu'on pose l'une sur l'autre en recouvrement.

Jumelles. s. f. Sont, en général, deux pièces de bois ou de fer qui ont la même forme et qui servent toujours ensemble à quelque ouvrage.

L

Lambourde. s. f. Est toute pièce de bois de sciage, depuis 4 pouces jusqu'à 6 pouces de gros, qu'on pose le long d'un mur sur des corbeaux, pour porter le bout des solives; ou sur l'aire d'une voûte ou d'un plancher, avec augète de maçonnerie, pour y attacher des ais à rainures et languettes.

Larmier. s. m. Est le plus fort membre carré d'une corniche, dont le plafond est ordinairement creusé en canal, pour faire écouler l'eau, et la faire tomber goutte à goutte, comme des larmes, loin du mur qui est au-dessous. Le bord extérieur de ce canal se nomme *Mouchette;* mais les ouvriers appellent *Mouchette* le larmier même.

On appelle aussi *Larmier,* dans un pont gothique, la retraite de la maçonnerie, terminée par un talus et une saillie qui sert d'ornement à une pile, à une façade de pont, en guise de plinte, de cordon, etc.

Laver. v. a. Se dit, dans la charpenterie de toute pièce de bois, dont on ôte les traits de scie avec la besaigue pour la dresser et l'aviver.

C'est, dans le dessin des plans, coucher avec le pinceau des teintes de couleur qu'on adoucit, pour faire paraître les plans le plus naturels qu'il est possible par les ombres et l'imitation de la nature.

Lavis. s. m. C'est l'art d'employer les couleurs dont on colore les plans et les profils des différens ouvrages.

Lever. v. a. Lever un plan, et faire un plan sont deux opérations bien distinctes. On lève un plan, en travaillant sur le terrain; on fait un plan en dessinant sur le papier les opérations faites sur le terrain.

Levier. s. m. C'est dans l'art de bâtir, une pièce de bois de brin, qui, par le secours d'un coin, nommé *Orgueil*, qui est posé dessous le bout qui touche à terre, aide à lever, avec peu de force, une grosse pierre. Lorsque l'on pèse sur le levier, on dit faire une pesée; et lorsqu'on l'abat avec des cordages, à cause de sa trop grande longueur et de la grandeur du fardeau, on dit faire un *Abattage*.

Le levier est la première des puissances que l'homme a dû employer et la plus simple des machines.

Il y a des leviers de trois espèces; lorsque l'appui est placé entre le poids et la puissance, c'est un levier de première espèce; si le poids est situé entre l'appui et la puissance, on l'appelle levier de la seconde espèce, et enfin lorsque la puissance est appliquée entre le poids et l'appui, il donne le levier de la troisième espèce.

La force du levier a pour fondement ce principe ou théorème, que l'espace ou l'arc décrit pour chaque point d'un levier, et par conséquent la vitesse de chaque point est comme la distance de ce point à l'appui; d'où il suit que l'action d'une puissance et la résistance du poids augmentent à proportion de leur distance de l'appui.

Il s'ensuit encore qu'une puissance pourra soutenir un poids, lorsque la distance de l'appui au point du levier où elle est appliquée, sera à la distance du même appui, au point où le poids est appliqué, comme le poids est à la puissance, et que, pour peu qu'on augmente cette puissance, on élevera ce poids.

La puissance qui agit à l'aide d'un levier est d'ordinaire la main de l'homme; mais cette action ou cette force peut être comparée avec un poids, et on peut par conséquent concevoir en la même place un poids qui agisse avec autant de force.

Qu'un homme saisisse fortement une corde qui passe par dessus une poulie, et que, tirant de toutes ses forces perpendiculairement en bas, il élève un poids de cent livres, il arrivera certainement que, si le même homme tire aussi fort un levier dans la même direction, il fera la même chose que si un poids de cent livres était suspendu au levier en sa place : ainsi on peut concevoir ces cent livres suspendues au levier, toutes les fois qu'on a les forces de cet homme qui tire la corde.

Si l'on fait bien attention aux forces que l'on peut mettre en œuvre par le moyen du levier, on pourra faire voir de quelle manière on peut mouvoir, élever, soutenir, à l'aide de ces mêmes machines, toutes sortes de fardeaux.

Soit une pierre de 2000 livres, que l'on soit obligé d'élever : on nous donne pour cet effet un levier de 12 pieds de longueur; l'homme qui doit mouvoir cette pierre, n'a qu'une force de trente livres : on demande en quel endroit du levier on doit mettre la pierre, ou quel est l'endroit auquel il faut la suspendre? CB est de douze pieds de long, c'est-à-dire de 144 pouces ou de 1728 lignes; le poids D est de 2000 livres, la puissance P est de 30 liv.; on aura par conséquent DP : C :: BCD; c'est-à-dire 2000 : 30 :: 1728 : 25 $\frac{23}{25}$ lignes. Si donc le poids D de 2000 livres est suspendu au levier, la distance D de 25 $\frac{23}{25}$ lignes, c'est-à-dire, 2 pouces $\frac{23}{25}$ lignes, la puissance P soutiendra ce poids, et sera avec lui en équilibre; mais en poussant un peu D proche de C, en sorte que CD soit 2 pouces, la force du mouvement de P sera plus grande que celle de D, et alors P élevera le poids D. Archimède disait: donnez-moi seulement un point fixe hors de la terre, et je l'enleverai tout entière hors de sa place; car en supposant que D représente la terre et P sa main, il aurait voulu mettre P à D en plus grande raison que CD à CB. En effet, un pied cube de terre pèse 100 livres; ainsi la pesanteur de notre globe sera de 399,784,700,118,074,464,789,750 livres. Supposons que la force d'Archimède soit de 200 livres, alors P sera à D, comme 1 à 199,892,350,059,037,232,399,8 $\frac{1}{4}$: c'est pourquoi C D devrait être à CB, comme 1 à 199,892, etc.; ainsi CB étant divisé en autant de parties que ce dernier nombre, et la terre étant suspendue sur la première division, Archimède l'aurait arrêtée en P; mais comme la terre est placée un peu plus près de C, il aurait pu l'élever.

LEZARDE OU VISÉE. s. f. C'est, dans toute sorte de maçonnerie, une fente causée par une mauvaise fondation.

LIAISON. s. f. C'est une façon d'arranger et de lier les pierres et les briques par enchaînement les unes avec les autres, de manière qu'une pierre ou une brique recouvre le joint des deux qui sont au-dessous.

— *Liaison de joints*, s'entend du mortier ou du plâtre dont on fiche ou dont on jointoie les pierres.

— *A sec*; c'est celle dont les pierres sont posées sans mortier, leurs lits étant polis et frottés pour les recevoir : beaucoup de bâtimens des anciens ont été construits de cette manière.

— *Dans les corps des pierres*; c'est un arrangement des joints, qu'il est essentiel d'observer pour la solidité, et pour mettre les pierres en liaison; il faut faire en sorte que les joints de tête des différentes assises qui sont contiguës, ne soient pas vis-à-vis les unes des autres.

Libage. s. m. Quartier de pierre ou gros moëllon rustique, qu'on équarrit à paremens bruts, et qu'on emploie dans les fondations des ponts ou autres ouvrages de maçonnerie.

Lien. s. m. Est en général ce qui joint ou ce qui attache une chose avec une autre. C'est, par exemple, dans la charpente d'un pont, toute pièce qui porte en décharge contre deux autres et les lie, comme fait celle qui assure le poteau d'appui d'une lisse avec la pièce du pont en saillie.

Lierne. s. f. Pièce de bois qui sert à entretenir les files des pieux d'une palée avec les boulons. Elle sert au même usage dans la construction des batardeaux, qu'on appelle *Longuèraines*, lorsquelle est employée à pousser des files de pal-planches.

La lierne est différente de la moise, en ce sens qu'elle n'a pas d'entailles pour accoler les pierres.

Lieu. s. m. On distingue le lieu que les corps occupent, en lieu absolu et lieu relatif. Le lieu absolu est une partie de l'univers remplie par les corps : le lieu relatif est une certaine situation, où un corps se trouve par rapport à d'autres corps, et avec lesquels nous le comparons. On lui donne le nom de *Relatif*, parce qu'il dépend en quelque sorte des autres corps dont on compare leur relation avec lui. Par exemple, la porte d'une ville, en tant qu'elle est étendue, occupe une partie de l'espace du monde, et se trouve par là dans son lieu absolu; mais lorsqu'on la compare avec la distance où elle est du milieu de la ville ou d'un autre endroit déterminé, elle est dans son lieu relatif.

Le lieu relatif d'un corps peut donc rester toujours le même, quoique son lieu absolu vienne à changer. Supposons un homme qui se tienne tranquille dans une barque de trait, cet homme est toujours également éloigné de toutes les parties de cette barque, et il se trouve par conséquent, toujours à cet égard, dans le même lieu, c'est-à-dire dans le même lieu relatif; mais, comme la barque avance sans cesse, cet homme ne reste pas dans la même partie commune de l'espace, étant transporté d'une partie dans une autre, ce qui fait qu'il change de lieu absolu.

Ligne. s. f. Quantité qui n'est étendue qu'en longueur, sans largeur ni profondeur.

Dans la nature, il n'existe point de corps sans avoir les trois dimensions; mais en géométrie, on peut considérer une de ces trois dimensions, abstraction faite des deux autres, et c'est cette dimension en longueur que l'on appelle *ligne*.

— *De direction en mécanique*; c'est celle dans laquelle un corps se meût actuellement, ou se mouvrait, s'il n'y avait aucun obstacle. Ce terme s'emploie aussi pour marquer la ligne qui va du centre de gravité d'un corps pesant, au centre de la terre; cette ligne doit de plus passer par le point d'appui ou par le support du corps pesant, sans quoi ce corps tomberait nécessairement.

— *De gravitation d'un corps pesant*, est une ligne tirée de son centre de gravité au centre d'un autre corps vers lequel il gravite; c'est une ligne selon laquelle il tend en bas.

Ligne d'eau; c'est la 144.me partie d'un pouce circulaire, parce qu'il ne s'agit pas, dans la mesure des eaux, du pouce carré; elle se fait au pouce circulaire, qui a plus de rapport avec les tuyaux circulaires par où passent les eaux des fontaines.

— *De niveau, de pente, de mire*; une ligne véritablement de niveau, parcourant le globe de la terre, est réputée courbe, puisque tous les points de son étendue sont également éloignés du centre de la terre.

Une *ligne de pente* suit le penchant naturel du terrain.

Une *ligne de mire* est celle qui dirige le rayon visuel, pour faire poser des jalons à la hauteur requise de la liqueur colorée des fioles de l'instrument.

Les Maçons appellent *ligne*, une petite corde ou ficelle, dont ils se servent pour élever les murs droits, à plomb et de même épaisseur dans leur longueur.

Limosinage. s. m. Est toute maçonnerie faite de moëllons, blocage, libage, à bains de mortier, à paremens bruts, dressée grossièrement au cordeau, dont on forme les fondemens d'un bâtiment, ou dont on remplit les intervalles des pilots ou d'un grillage.

Lisse. s. m. C'est la pièce de bois qui couronne à hauteur d'appui le garde-fou d'un pont de bois.

Logarithme. s. m. Nombre d'une progression arithmétique, lequel répond à un autre nombre dans une progression géométrique.

Par le moyen des logarithmes, on réduit la multiplication en addition, et la division en soustraction, et l'on fait souvent par leur moyen, dans une heure, des opérations de calculs qu'on ferait à peine dans un jour en ne les employant pas.

Pour faire comprendre la nature des logarithmes et les expliquer d'une manière bien claire et bien distincte, prenons les deux espèces de progressions qui ont donné naissance à ces membres, savoir la progression géométrique et la progression arithmétique. Supposons donc que les termes de l'une soient directement posés sous les termes de l'autre, comme on le voit dans l'exemple suivant :

1. 2. 4. 8. 16. 32. 64. 128.
0. 1. 2. 3. 4. 5. 6. 7.

En ce cas, les nombres de la progression inférieure qui est arithmétique, sont ce qu'on appelle les *Logarithmes des termes de la progression géométrique* qui est au-dessus ; c'est-à-dire que 0 est le logarithme de 1 ; 1 est le logarithme de 2 ; 2 est celui de 4 ; et ainsi de suite.

Le premier usage des logarithmes, consiste, ainsi que je viens de le dire, à abréger les multiplications et les divisions, surtout dans les règles de trois. Si, par exemple, j'ai cette proportion 984 : 876 :: 989 : x, pour trouver le quatrième terme, il faudrait multiplier les deux moyens l'un par l'autre, et diviser le produit par le premier 984 ; au lieu que j'ajoute simplement les deux logarithmes des termes moyens, la somme est le logarithme du produit ; j'en ôte le logarithme du premier terme 984 ; il me reste un logarithme qui, dans les tables, répond à 880 : c'est la quantité cherchée.

Les sinus dont on se sert dans toutes les opérations des triangles, doivent avoir aussi leurs logarithmes; mais les sinus étant toujours des fractions du rayon, les logarithmes des sinus sont des logarithmes de fractions, et leurs logarithmes sont négatifs.

Le premier chiffre d'un logarithme s'appelle la *Caractéristique*, parce qu'il caractérise et indique les dizaines, les centaines et les mille. Pour la première dixaine, elle est toujours 0; jusqu'à 100, elle est toujours 1; jusqu'à 1000, c'est 2; jusqu'à 10,000, c'est 3: Elle a toujours un de moins que le nombre de chiffres du nombre indiqué.

Quand il s'agit de fractions décimales, 9 indique les dixièmes, 8 des centièmes, 7 des millièmes; en général, il faut mettre après le zéro des entiers, et la virgule ou le point qui les sépare, autant de zéros qu'il en faut à la caractéristique pour faire 9. Si j'avais le logarithme 7,91751; je trouverais 827; mais j'écrirais 0,00827, parce qu'ayant 7 à la caractéristique, il faut des zéros après celui des entiers.

Sans donner ici de tables de logarithmes,

je vais indiquer succinctement quels sont les usages qu'on peut en faire :

Veut-on trouver la hauteur d'un clocher, d'un arbre, par la longueur de l'ombre à midi ; pour cela, on prend la déclinaison du soleil pour ce jour là : on l'ôte de la latitude du lieu, si elle est boréale ; on l'ajoute, si elle est australe ; on ajoute le logarithme cotangent de la différence ou de la somme avec celui de l'ombre, et on a le logarithme de la hauteur cherchée.

Un Ingénieur veut connaître la distance du rempart d'une ville assiégée, il a mesuré 153 toises le long des glacis, et il a mesuré un angle droit d'un côté, et un angle de 82° 35′ de l'autre ; il ne s'agit que de faire cette proportion : le co-sinus de 82° 35′ est à 153 toises comme le rayon est à la distance du point où l'on a trouvé l'angle de 82° 35′. Comme le logarithme du rayon est toujours zéro, il suffit d'ôter le logarithme co-sinus de 82° 35′ de celui de 153 toises, en supposant 10 de plus ; parce que le logarithme co-sinus a 10 de trop ; et il reste un logarithme, auquel répondent dans la table 1185 toises.

Un physicien, muni d'un baromètre portatif, l'a observé sur une montagne à 26 pouces 2 lignes. On sait qu'au bord de la mer il est à 28 pouces 2 lignes; on prendra la différence des logarithmes de 338 et 314 lignes; on aura 3179: c'est la hauteur en dixièmes de toises.

Louveur. s. m. Ouvrier qui fait le trou à une pierre, comme, par exemple, à un voussoir, y pose ensuite la louve, qu'il met dans le trou du voussoir avec deux louvetaux, qui sont deux coins de fer.

M

Machine. s. f. Est, en général, l'assemblage de différentes pièces tellement disposées, qu'elles puissent servir à augmenter ou à diminuer les forces mouvantes: tels sont le cabestan, la grue, les moulins, etc.

On appelle *machine hydraulique*, celle qui a été construite pour élever et conduire les eaux.

Les machines se divisent en simples et composées; il y a six machines simples auxquelles toutes les autres peuvent se réduire; le levier, le treuil, la poulie, le plan incliné, le coin et la vis. On peut même réduire ces six machines à trois : le levier, le plan incliné et le coin; car le treuil et la poulie se rapportent au levier, et la vis au plan incliné et au levier.

Les machines composées sont celles qui sont en effet composées de plusieurs machines simples et combinées ensemble. Le nombre de ces machines est infini.

MAÇONNERIE. s. f. Est l'art d'arranger les matériaux nécessaires à la construction d'un édifice : on peut les arranger de cinq manières différentes.

La première se construit de carreaux et boutisses de pierres dures ou tendres, bien posées en recouvrement les unes sur les autres : cette manière est appelée communément *maçonnerie en liaison*, où la différente épaisseur des murs détermine les différentes liaisons, à raison de la grandeur des pierres que l'on veut employer.

Il faut observer, pour que cette construction soit bonne, d'éviter toute espèce de garni et remplissage, et pour faire une meilleure liaison, de piquer les paremens intérieurs au marteau, afin que, par ce moyen, les agens que l'on met entre deux pierres puissent les consolider; il faut aussi en équarrir les pierres, et n'y souffrir aucun tendre ni bouzin, parce que l'un et l'autre émousseraient les parties de la chaux et du mortier.

La seconde est celle de brique : cette construction se fait en liaison comme la précédente.

La troisième est de moëllon : ce n'est autre chose que des éclats de la pierre dont il faut retrancher le bouzin et toutes les inégalités, qu'on réduit à une même hauteur, bien équarris et posés exactement de niveau en liaison comme ci-dessus.

Le parement extérieur de ces moëllons peut être piqué ou rustiqué, lorsqu'ils sont apparens.

La quatrième est celle de limosinage, que Vitruve appelle *amplecton*, elle se fait aussi de moëllons posés sur leurs lits et en liaison, mais sans être dressés ni équarris étant destinés pour les murs que l'on enduit de mortier ou de plâtre.

Il est cependant beaucoup mieuxde dégrossir ces moëllons pour les rendre plus gisans, et en ôter toute espèce de tendre qui, comme nous l'avons déjà dit, absorberait ou amortirait la qualité de la chaux qui compose le mortier. D'ailleurs, si on ne les équarrissait pas au moins avec la hachette, les interstices de différentes grandeurs produiraient une inégalité dans l'emploi des mortiers et un tassement inégal dans la construction du mur.

La cinquième se fait de blocage, c'est-à-dire, de mêmes pierres qui s'emploient avec du mortier dans les fondations, et avec du plâtre dans les ouvrages hors de terre : c'est là, selon Vitruve, une des bonnes manières de bâtir, parce que, plus il y a de mortier, plus les pierres en sont absorbées, et plus les murs sont solides quand ils sont secs. Mais aussi, il faut remarquer que plus il y a de mortier, plus le bâtiment est sujet à se tasser, à mesure qu'ils se sèche : trop heureux s'il tasse également. Cette forme de maçonnerie ne vaut rien pour la construction des voûtes.

De tous les matériaux compris sous le nom de *maçonnerie*, la pierre tient le premier rang ; c'est pourquoi nous en expliquerons les différentes espèces, les qualités, les défauts; ses façons, ses usages. *Voyez* l'article *Pierre*.

Avant que la géométrie et la mécanique fussent devenues la base de l'art du trait pour la coupe des pierres, on ne pouvait s'assurer précisément de l'équilibre et de l'effort de la poussée des voûtes, non plus que de la résistance des pieds droits, des murs, des contreforts, etc.; de manière que l'on rencontrait, lors de l'exécution, des difficultés que l'on n'avait pu prévoir, et qu'on ne pouvait résoudre qu'en démolissant les parties défectueuses, jusqu'à ce que l'œil fût moins mécontent, d'où il résultait que ces ouvrages coûtaient souvent beaucoup, et duraient peu, sans satisfaire les hommes intelligens.

C'est donc à la théorie qu'on est maintenant redevable de la légèreté donnée aux voûtes de différentes espèces, ainsi qu'aux voussures; aux trompes, etc.; et de ce qu'on est parvenu insensiblement à abandonner la manière de bâtir des derniers siècles, trop difficile par l'immensité des poids qu'il fallait transporter, et d'un travail beaucoup plus lent; c'est même ce qui a donné lieu à ne plus employer la méthode ancienne, qui était de faire des colonnes, des architraves d'un seul morceau, et de préférer l'assemblage de plusieurs pierres, bien plus facile de mettre en œuvre. C'est par le secours de cette théorie, que l'on est parvenu à soutenir des plates-bandes, et à donner à l'architecture, ce caractère de vraisemblance et de légèreté inconnue à nos prédécesseurs. Cette réflexion n'est pas applicable aux Romains, qui employaient, dans les ouvrages plutôt destinés à l'utilité publique qu'à la décoration, une manière de construire moins dispendieuse que la nôtre. Leurs matériaux étaient d'un petit volume et réunis par un mortier ou par un ciment qui en faisait la base, et presque la totalité. Ce genre de construction supprimait tout l'attirail des énormes voitures, celui des machines multipliées; en un mot, les bras étaient uniquement employés à la chose même, et l'ouvrage s'achevait avec une rapidité étonnante.

Madrier. s. m. Gros ais, qui sert de plate-forme, qu'on attache sur des racinaux, pour asseoir sur de la glaise, ou sur un terrain de mauvaise consistance, un mur ou quelque autre maçonnerie.

Mairain. s. m. Bois de chêne, refendu en petites planches minces, dont on se servait autrefois pour lambrisser les cintres des églises, les revêtissemens des voûtes gothiques, etc.

Malfaçon. s. f. Se dit, dans les différens travaux, de tout défaut de matière ou de construction, provenant ou d'une économie mal entendue, ou de l'infidélité, ou de l'ignorance, ou de la négligence de l'ouvrier.

— *En maçonnerie*, c'est de ne pas poser les pierres sur leur lit; de ne pas faire un cours d'assises de la même épaisseur dans toute sa longueur, et de le fermer d'un trop petit clausoir; de poser les pierres dont les paremens sont gauches; d'élever des murs qui n'ont pas d'empatement, de retraite, de fondement, et de fruit suffisant; de laisser des jarrets et balivres aux voûtes; d'y asseoir des pierres ou moëllons à plat, au lieu de les mettre en coupe; d'employer du mortier qui ne renferme pas une quantité suffisante de chaux, ou bien qui en renferme trop; d'employer du plâtre vieux et éventé, ou noyé, etc.

Malfaçon en charpenterie, c'est de mettre en œuvre des bois défectueux, tortus ou plus forts qu'il n'est nécessaire, pour augmenter la quantité dans le toisé; de ne pas assembler les bois à tenons et mortaises, et autres coupes suivant l'art, etc. — *En serrurerie*, c'est de se servir de fer de mauvaise qualité, aigre, cendreux, pailleux, et de faire les tirans, harpons, les ancres trop longs ou trop courts, faire des pièces de fer trop grosses, pour augmenter la pesanteur, etc.

Manivelle. s. f. Est la pièce la plus essentielle d'une machine : elle est ordinairement de fer coulé, et donne le mouvement au balancier d'une pompe. Il y en a de simples, d'autres se replient deux fois à angles droits, et la manivelle à tierce-point se replie trois fois.

Mantonnet. s. m. Est une espèce de tenon qu'on pratique sur la tête des pilots pour arrêter les madriers ou plates-formes qu'on pose dessus, et qu'on y attache avec des chevilles barbelées.

Marteau de Maçon. s. m. Est un instrument de fer de même forme, à peu près, que les marteaux ordinaires; il en diffère en ce que les pannes ou extrémités de la tête sont brettelées ou dentées. C'est de cet outil dont on se sert pour tailler la pierre : on le nomme plus communément *hache*.

Marteau de Paveur. Il diffère des autres marteaux en ce que la partie, depuis l'œil jusqu'à la pointe, est plus longue qu'à l'ordinaire, et est façonnée à huit pans. La partie de l'œil jusqu'à la pointe, s'appelle *pioche;* elle est en forme de feuille de sauge : elle sert à remuer le sable ou la terre avant que de poser le pavé.

— *De tailleur de pierre* : il y en a de formes et de noms différens; l'une s'appelle *pioche;* et il y a la pioche pour la pierre dure, et la pioche pour la pierre tendre; la première a son extrémité pointue, la seconde l'a en tranche, l'autre a les deux extrémités tranchantes; mais une de ces extrémités est à dents ou dentelée.

MASSE. s. f. En mécanique, c'est la quantité de matière d'un corps. La masse se distingue par-là du volume qui est l'étendue du corps en longueur, largeur et profondeur. On doit juger de la masse des corps par leur poids : Newton a trouvé, par des expériences fort exactes, que le poids des corps était proportionnel à la quantité de matière qu'ils contiennent.

Ainsi, les masses de deux corps également pesans sont égales; il n'en est pas de même de la densité, qu'il ne faut pas confondre avec la masse; car un corps a d'autant moins de densité qu'il a moins de masse sous un même volume : en sorte que, si deux corps sont également pesans, leurs densités sont en raison réciproque de leur volume; c'est-à-dire que, si l'un d'eux a deux fois plus de volume que l'autre, il est deux fois moins dense.

Masse. s. f. Est un gros morceau de fer, en forme de parallélipipède, dans le milieu de la longueur duquel est un trou transversal pour y mettre un manche. Il y en a de différentes grosseurs : les masses pour casser la pierre sur les chaussées ou dans les carrières, doivent peser huit à dix livres.

Mathématiques. s. f. C'est la science qui a pour objet les propriétés de la grandeur, en tant qu'elle est calculable ou mesurable.

Les mathématiques se divisent en deux

classes : la première, qu'on appelle *mathématiques pures*, considère les propriétés de la grandeur d'une manière abstraite ; car la grandeur, sous ce point de vue, est, ou calculable ou mesurable : dans le premier cas, elle est représentée par des nombres ; dans le second, par l'étendue.

Dans le premier cas, c'est l'objet de l'arithmétique ; dans le second, c'est la géométrie.

La seconde classe s'appelle *mixte*; elle a pour objet les propriétés de la grandeur concrète, en tant qu'elle est mesurable ou calculable : nous disons grandeur concrète, c'est-à-dire de la grandeur envisagée dans certains corps ou sujets particuliers. Dans cette classe sont compris la mécanique, l'optique, l'astronomie, l'hydrostatique, l'hydraulique, etc.

Les mathématiques mixtes ne firent que des progrès lents et peu assurés parmi les anciens, tandis que les mathématiques abstraites s'accrurent rapidement chez eux d'un grand nombre de découvertes. L'esprit humain peut avancer rapidement dans les mathématiques abstraites, sans avoir besoin, comme dans les mathématiques mixtes, de recueillir un grand nombre de faits et d'observations. Ce fut là l'écueil de l'antiquité ; les modernes, en cultivant la physique avec succès, ont évité cet écueil, et ont ajouté aux connaissances des anciens les parties qui leur étaient inconnues.

Les premiers hommes durent être nécessairement frappés de deux choses, de l'étendue des corps et de leurs dimensions ; ils durent être frappés de même par l'idée de multitude et de nombre ; et leurs premiers partages s'établirent naturellement sur ces premières idées. L'origine des mathématiques est donc aussi ancienne que celle de l'homme, et ses principes, d'abord très-simples, se multiplièrent successivement avec les besoins des hommes et le développement de leurs idées.

Nous allons donner un léger aperçu des différentes branches qui composent les mathématiques, pour préparer le lecteur à interroger, avec plus de succès, l'Histoire de cette science, traitée de la manière la plus complète dans l'ouvrage du savant Montucla.

Parmi les différentes dimensions des

corps, il en est de plus simples les unes que les autres: les lignes droites sont plus simples que les courbes; et parmi ces dernières, la circulaire est la moins composée.

Les surfaces qui sont déterminées par des lignes droites ou courbes, sont l'objet de la géométrie élémentaire; et la géométrie transcendante est la partie de cette science qui s'occupe des figures courbes, d'une nature plus relevée et plus abstraite.

Il ne peut exister de calcul que par les nombres; mais une manière de concevoir plus généralement les rapports de quantité, a donné lieu à l'algèbre. C'est une arithmétique par figures, ou, comme l'a dit Montucla, un langage particulier par lequel on exprime des raisonnemens géométriques.

On peut, en considérant cette science, comme servant à exprimer les rapports quelconques des grandeurs en général, la diviser encore en deux parties; l'*algèbre ordinaire*, qui s'applique à la solution de problêmes numériques et géométriques, en ne considérant que les grandeurs finies; et l'*algèbre infinitésimal,* qui sert à examiner les rapports de ces mêmes grandeurs dans leurs accroissemens instantanés et infiniment petits : de là naissent les calculs différentiel et intégral.

Mécanique. s. f. La mécanique ne fut d'abord qu'un art pratique qui s'est étendu, à mesure que les besoins de l'homme se sont multipliés. Le levier dût être la première puissance qu'il mit en usage ; le treuil, la poulie, le plan incliné, le coin, la vis dérivent de cette première puissance, et n'en sont que des combinaisons qui en multiplient l'action à l'infini. C'est en observant la marche de ces combinaisons, que l'homme a formé la science de la mécanique spéculative, par laquelle on peut établir des démonstrations exactes. La mécanique pratique renferme tous les arts manuels qui portent leur nom.

On peut regarder la mécanique comme la partie des mathématiques qui a pour objet les lois du mouvement et de l'équilibre, les forces mouvantes, etc. C'est l'art de parvenir à de grands résultats par des moyens simples : ainsi, pour lever une pierre, que les forces réunies de deux hommes pourraient à peine soulever, il ne faut à un enfant qu'un bâton, c'est-à-dire un levier. Le cric, mis en mouvement par une main faible, soulèvera un poids énorme; enfin, rien n'est pour ainsi dire, impossible à l'homme, avec le secours de la mécanique.

Quoiqu'à l'aide de la physique et des mathématiques, on ait fait des progrès récens dans la mécanique, il est à croire que les anciens la possédaient à un plus haut degré; et pour en être persuadé, il ne faut que jeter les yeux sur les ruines colossales des monumens de l'Egypte, dans les déserts de Palmyre et à Boolbeck; elles étonnent l'imagination par leur immensité. Que de puissances mécaniques il a fallu employer pour élever ces énormes matériaux, et former ces édifices? malheureusement l'antiquité ne nous a laissé aucun écrit sur cette science; elle ne nous a transmis que des faits, et ces faits ne nous disent rien, sinon que leurs auteurs possédaient des machines que nous ne connaissons sans doute pas, dans la puissance desquelles ils trouvaient de grandes ressources, ce qui donne lieu de présumer que les anciens n'ont guère considéré la mécanique que dans les puissances qui ont rapport aux arts manuels.

Il n'en est pas de même des modernes : depuis le quinzième siècle, la mécanique à fait de très-grands progrès. Stévin, Ingénieur hollandais, chargé de la surveillance des digues de la Hollande, déploya le premier son génie dans cette partie ; il enrichit la statique, l'hydrostatique d'un grand nombre de vérités ignorées des anciens ; il trouva la vraie proportion de la puissance au poids dans le plan incliné ; il examina, dans son hydrostatique, la pression des fluides sur les surfaces qui les soutiennent, et il démontra qu'elle est toujours comme le produit de la base par la hauteur. Ce paradoxe fameux, qu'un fluide renfermé dans un canal décroissant par en haut, exerce contre le fond le même effort que si ce canal était partout uniforme, fut encore une découverte de cet habile Ingénieur. Galilée vint après, et fit de grandes découvertes en mécanique : ses premiers ouvrages parurent à la fin du quinzième siècle. Il réduisit la statique à ce principe unique et universel, d'où découlent, comme autant de corollaires, toutes les propriétés des machines : *il faut le même temps à une puissance pour enlever à une certaine hauteur, un poids donné, de quelque manière qu'elle le fasse, soit qu'elle l'enlève tout d'un coup, soit que, le partageant en parties proportionnées à sa force, elle le fasse à plusieurs reprises ;* en effet, de quelques combinaisons d'agens que nous fassions usage, la nature, si nous pouvons parler ainsi, ne saurait rien perdre de ses droits. Une puissance déterminée, n'est capable que d'un effet déterminé, et cet effet est d'autant plus grand, que la masse transportée dans un certain tems, parcourt un espace plus grand, ou que l'espace étant de même, elle le parcourt dans un moindre tems. Il faut donc, pour que l'effet subsiste le même, que le tems soit réciproque avec la masse : ainsi tout l'avantage des machines, consiste en ce que, par leur moyen, on peut exécuter dans une seule opération, ce que, par l'application seule de la puissance, on n'aurait pu faire qu'à plusieurs reprises. Voici un autre avantage des machines : comme nous sommes plus maîtres du tems que de la grandeur des puissances à employer, elles nous mettent à portée de faire, en un tems plus long, et avec de moindres forces, ce que des puissances plus grandes ou plus multipliées auraient exécuté plus promptement; enfin, ce qu'on gagne dans l'épargne de la puissance, on le perd du côté du temps, et précisément dans le même rapport; d'où l'on doit conclure avec Galilée, que les machines les plus avantageuses sont toujours les plus simples; car plus une machine est compliquée, plus il y a d'efforts perdus à surmonter les frottemens.

On réduit ordinairement à six, les machines simples, qui sont: le levier, la poulie, le vindas, le plan incliné, le coin et la vis: on peut même réduire ces six puissances à une seule, le levier, si l'on en excepte le plan incliné, qui ne s'y réduit pas aussi sensiblement. Toutes les machines composées sont faites de quelques unes de ces machines simples, qui en forment comme les parties; en sorte qu'il est facile de connaître les forces qu'on peut mettre en œuvre, à l'aide de ces machines composées, dès qu'on est bien au fait de la puissance que peuvent exercer celles qui sont simples.

Mesure. s. f. Règle originairement arbitraire, et ensuite devenue fixe dans les différentes sociétés, pour marquer, soit la durée du tems, soit la longueur des chemins, soit la quantité des marchandises ou denrées.

On peut donc distinguer trois sortes de mesures, celle du temps, celle des lieux, celle du commerce; nous ne devons nous occuper que de celle des lieux.

L'homme, dit un ancien philosophe, est la mesure de toutes choses : cette idée convient surtout à tout ce qui concerne les mesures itinéraires. L'emploi des termes de pied, de coudée, de palme, de pouce, de doigt, de pas commun, de brasse, en usage chez tous les peuples anciens et modernes, peut en être une preuve. Il faut même ajouter, dit Danville, dans son Traité *des Mesures itinéraires*, qu'il y a tout lieu de croire que la mesure propre aux parties qu'on vient de nommer, selon leur proportion dans la stature commune des hommes, a été d'un usage primitif, en précédant l'usage postérieur des mesures qui passent le naturel par l'étendue qu'on leur a donnée, et qu'il faut attribuer aux mathématiciens, comme le pas géométrique en fournit un indice.

Le pied paraît avoir été la première mesure qui a servi de rapport à l'homme, en le comparant à sa propre stature. Le corps de l'homme, pour être bien proportionné, devait avoir sept fois la longueur du pied. C'est ainsi qu'était définie la taille d'Hercule, dans l'histoire de ce héros, ou quatre coudées et un pied sur la mesure du pied grec, propre spécialement à la carrière d'Olympie, et qui est de onze pouces quatre lignes du pied de Paris, et fournit une taille de six pieds cinq pouces; et cette hauteur de taille peut bien répondre à l'opinion qu'on avait en Grèce de la stature d'Hercule, comme fort au-dessus de l'ordinaire. On lit dans Eginhard, que Charlemagne, bien proportionné dans sa taille, *staturâ eminente, quâ tamen justam non excederet*, avait en hauteur sept fois la longueur de son pied; *nam septem suorum pedum proceritatem ejus constat habuisse figuram.*

La sous-division du pied, dans l'antiquité, ainsi que de nos jours, était de douze pouces ou de seize doigts.

Le cubitus ou la coudée, dont la proportion, à l'égard du pied, est en général établie comme 3 est à 2, est réputée contenir 18 pouces ou 24 doigts; mais il faut considérer, selon Danville, qui a fait sur les mesures des recherches immenses, que cette proportion de 3 à 2 n'est pas celle que donne la nature relativement au pied naturel, dont on a évalué la longueur à neuf pouces et environ une ligne du pied de Paris; et Newton, dans ce qu'il a écrit sur la coudée sacrée des Juifs, a grande raison de réduire le pied à n'être que comme 5 vis à vis de 9, en comparaison de la coudée, ou de la partie inférieure du bras. Il en résulte que la coudée naturelle s'évaluera à 17 pouces de notre pied français, et c'est ce que tout homme de bonne proportion dans la stature la plus commune peut vérifier lui-même. C'était en effet la coudée grecque.

On peut bien penser que les mesures qui dérivèrent de ce principe incertain furent très-différentes entre elles; aussi les savans de ces temps reculés ayant été obligés de reconnaître que cette diversité de mesures nuisait nécessairement aux progrès des sciences et au commerce des nations entre elles, adoptèrent-ils un système métrique linéaire basé sur la nature elle-même.

Le prototype ou étalon naturel auquel les anciens avaient rapporté leurs mesures, est la mesure de la terre. La grandeur comme d'un degré de méridien terrestre n'est guère moins propre à fixer invariablement la valeur absolue d'une mesure que la longueur du pendule. Une mesure universelle, déduite de la grandeur d'un arc du méridien, aurait au moins cet avantage sur une mesure semblable, déduite de la longueur du pendule, que la première serait partie aliquote d'un degré du grand cercle de la terre, et par là simplifierait les opérations géographiques.

Voilà quel était précisément le système métrique des peuples dans l'antiquité la plus reculée. Ils fixèrent d'une manière irrévocable leurs mesures, en les rendant dépendantes de la grandeur d'un degré du méridien; ils en prirent précisément la *quatre cent millième* partie, que j'appellerai mètrète linéaire, ou *piéd géométrique*. Ce pied sert à prouver que la mesure de la terre avait été prise par les anciens aussi exactement qu'elle l'a été dans ce siècle.

Nous nous sommes appropriés ce travail des anciens, et nous avons divisé le quart du méridien, ainsi que je l'ai indiqué à l'article Décimal, en 10, en 100, en 1,000 et en 10,000 parties; et c'est au terme où le nombre des parties était de 10 millions, que l'on a eu la longueur d'environ trois pieds qui a fourni l'unité de mesure : en sorte qu'elle est la dix millionième partie du quart du méridien : on lui a donné le nom de mètre. Le mètre étant déterminé, on l'a aussi divisé en parties toujours dix fois plus petites, propres à tenir lieu des pouces et des lignes.

La dixième partie du mètre a été nommée *décimètre;* la dixième partie du décimètre, qui est en même temps la centième partie du mètre, s'appelle *centimètre;* et enfin la dixième partie du centimètre s'appelle *millimètre*, parce qu'elle est la millième partie du mètre.

Je joins à cet article une table des différentes mesures itinéraires des modernes, avec un degré du grand cercle, évalué à 57,066 toises 2 pieds, ou 111,224 mètres 354 millimètres. Elle donnera un moyen de fixer les mesures linéaires.

TABLE GÉNÉRALE DES MESURES ITINÉRAIRES DE TOUS LES PEUPLES MODERNES, AVEC UN DEGRÉ DU GRAND CERCLE.

	Au degré.
Jiom ou giam d'Arabie	5 $\frac{6}{9}$
Gau de Surate et du Malabar . . .	10
Gau de Coromandel	11
Lieue de police de Saxe	12
Mille de Hongrie.	12
Lieue commune de Suède et de L'Ukraine.	12
Gau Indien de plus petite mesure. .	12 $\frac{1}{2}$
Lieue de Hongrie	13
Lieue de la basse Autriche	14
Mille ou lieue commune d'Allemagne	15
Lieue d'Autriche, de Souabe, de Prusse	15
Lieue de Bohême	16

	Au degré.
Grand pharsac d'Arabie. . . . . . } Lieue itinéraire d'Espagne. . . . }	$16 \frac{2}{3}$
Lieue du Brésil	17
Lieue marine d'Espagne.	$17 \frac{1}{2}$
Lieue de Portugal.	18
Parasange de Perse	$22 \frac{2}{9}$
Lieue marine ou horaire des Pays-Bas, d'Angleterre, de France. . Mille marin de Hollande . . . . Mille commun de Pologne et de Lithuanie.	20
Lieue de Pologne	21
Lieue de l'Amérique Espagnole . .	22
Pharsac d'Arabie	$22 \frac{2}{9}$
Lieue du Bourbonnais et du Lyonnais.	23
Lieue commune de France ou de Braban, de Champagne, de Normandie. . . . . Pic de la Chine . . . . Mille de Flandre.	25
Lieue de Berry	26
Lieue d'Artois, de Luxembourg de Cayenne.	28
Lieue d'Anjou, de Beauce, de Bretagne	33

	Au degré.
Coss de l'Indostan.	40
Mille commun d'Angleterre. . . .	48
Lieue d'Ecosse	50
Mille marin d'Angleterre et de France . . . . Mille commun d'Italie. . . . . . . Mille marin de l'Océan	60
Mille de Turquie.	62
Mille d'Arabie	66 $\frac{2}{5}$
Mille marin de la Méditerranée . .	75
Werste de Russie, ou demi-coss indien	80
Li de la Chine.	250

Notre mesure actuelle est le myriamètre qui contient dix mille mètres; cette mesure a remplacé la lieue, elle représente à-peu près deux lieues communes de France.

Le kilomètre contient mille mètres; il faut 5 kilomètres pour une lieue de 2565 toises.

L'hectomètre, cent mètres.

Le décamètre dix mètres.

Mire. s. f. Est le point où l'on voit quand on lève un plan, avec le graphomètre ou autre instrument.

Modèle. s. m. C'est la représentation en relief d'un pont, d'une écluse, d'un bâtiment quelconque, qu'on fait en petit pour connaître son effet en grand. On peut les faire en plâtre, en bois, en carton, même en liége. Les modèles sont plus intelligibles que les dessins pour les personnes qui n'ont pas l'habitude des profils et des coupes.

Moellon. s. m. Pierre propre à bâtir, qui se tire des carrières en modiques morceaux, plus petits que les pierres de taille : il y en a de dur et de tendre. On emploie le moëllon dans les fondations pour le garni des gros murs, etc.

— *Bloqué*, est tout moëllon dont la forme est irrégulière, comme celui de roche ou de meulière; on le pose à bain de mortier et au refus du marteau, parce qu'on ne peut l'équarrir.

— *D'appareil*, est celui qui est équarri comme un petit morceau de pierre, dont le parement apparent est piqué, et qu'on emploie en liaison.

— *De plat*, est celui qui est posé sur son lit.

— *En coupe*, est celui qui, dans une

voûte, est posé de champ, et taillé suivant la pente des joints des voussoirs.

Moise. s. f. Pièces de bois en manière de plates-formes, avec entailles, qui, jointes ensemble par leur épaisseur, avec des boulons, servent à entretenir des palées, ou les files de pieux des ponts, et les principales pièces des grues et autres machines.

Mortier. s. m. On appelle ainsi le mélange de la chaux avec du sable, du ciment ou d'autre poudre. C'est de cet alliage que dépend toute la bonté de la construction, et ceux qui sont chargés de faire bâtir ne peuvent prendre trop de soins ni mettre trop de surveillance à la manière de faire le mortier que les maçons doivent employer.

Il ne suffit pas, pour faire de bonne chaux, de la bien éteindre et de la mêler avec de bon sable, il faut encore proportionner la quantité de l'une et de l'autre à leurs qualités, les bien broyer ensemble et très-longuement avant de les employer.

La dose de sable avec la chaux est ordinairement de moitié; cependant, on peut mettre trois cinquièmes de sable sur deux de chaux, selon qu'elle est plus ou moins grasse.

Pour faire un enduit sur le fond et les parois d'un bassin, d'un canal, et de toutes sortes de constructions faites pour contenir et surmonter les eaux, prenez pour une partie de brique pilée exactement et passée au sas, deux parties de sable fin de rivière passé à la claie, de la chaux vieille éteinte, en quantité suffisante pour former dans l'auge, avec l'eau, un amalgame à l'ordinaire, et cependant assez humecté pour fournir à l'extinction de la chaux vive que vous y jetterez en poudre, jusqu'à la concurrence du quart en sus de la quantité de sable et de brique pilée pris ensemble : les matières étant bien incorporées, employez-les promptement, parce que le moindre délai peut en rendre l'usage défectueux ou impossible.

Le mélange de deux parties de chaux éteinte à l'air, d'une partie de plâtre passé au sas, et d'une quatrième partie de chaux vive, fournit, par l'amalgame qui en résulte, un enduit très-propre pour l'intérieur des bâtimens, et qui ne se gerce point.

Moufle. s. m. Est l'assemblage de plusieurs poulies mobiles dans une même écharpe, qui, dans les travaux, sert à élever de très-grands fardeaux avec peu de force.

On démontre, en mécanique, que la force nécessaire pour mouvoir un corps pesant est en raison inverse des espaces parcourus en même tems par le fardeau et la puissance: ainsi, une puissance peut faire mouvoir un fardeau double, triple, quadruple, etc., en ne lui faisant parcourir que la moitié, le tiers ou le quart du chemin qu'elle fait; d'où il résulte que, pour mouvoir un fardeau double, triple, quadruple, etc. de l'effort de la puissance, il faut deux fois, trois fois, quatre fois plus de temps, c'est-à-dire que l'on perd en temps ce que l'on gagne en force, indépendamment des frottemens occasionnés par les combinaisons pour produire un plus grand effet.

Mouton. s. m. Billot de bois, garni de fer, ou masse de fer qu'on élève par le moyen d'une sonnette, et qu'on laisse retomber sur la tête des pilots pour les enfoncer.

On fait les moutons plus ou moins pesans, suivant la force des pieux, la fiche que l'on doit leur donner, et la nature du terrein ; elle varie depuis 400 jusqu'à 1200 et plus ; on emploie ordinairement un mouton de 6 à 700 livres pour les pilotis et il est tiré par une force de 24 hommes.

Les moutons de 1,200 livres sont tirés par une force de 48 hommes.

Moyenne. adj. Proportionnelle arithmétique, est une quantité qui est moyenne entre deux autres, de manière qu'elle excède la plus petite autant qu'elle est surpassée par la plus grande : ainsi, 9 est moyen proportionnel entre 6 et 12.

Moyenne proportionnelle géométrique, ou simplement moyenne proportionnelle, est encore une quantité moyenne entre deux autres, mais de façon que le rapport qu'elle a avec une de ces deux y soit le même que celui que l'autre a avec elle : ainsi 6 est moyen proportionnel géométrique entre 4 et 9, parce que le nombre 4 est les deux tiers de 6, comme le nombre 6 est les deux tiers de 9.

N

Niche. s. f. Renfoncement pratiqué dans l'épaisseur d'un mur, pour placer une statue, un groupe : on lui donne ordinairement une hauteur deux fois et demie ou trois quarts plus considérable que sa largeur. La décoration doit être relative à l'ordre dans lequel elle est pour ainsi dire enchâssée; elles peuvent servir à l'ornement des ponts. C'était le principal emploi auquel les Romains les destinaient.

Niveau. s. m. Instrument propre à tirer une ligne parallèle à l'horizon et à la continuer à volonté, ce qui sert à trouver la différence de hauteur de deux endroits, lorsqu'il s'agit de conduire de l'eau de l'un à l'autre endroit, de dessécher des marais, de tracer des chemins, etc.

On a imaginé des instrumens de plusieurs espèces, pour perfectionner le nivellement : celui qui est le plus en usage, dans les opérations journalières des ponts et chaussées est le niveau d'eau.

Le niveau d'eau est celui qui montre la ligne du niveau, par le moyen d'une bulle d'air enfermée avec quelque liqueur dans un tuyau de verre d'une grosseur et d'une longueur indéterminées, et dont les deux extrémités sont scellées hermétiquement, c'est-à-dire, fermées par la matière même du verre, qu'on a fait, pour cet objet, chauffer au feu d'une lampe. Lorsque la bulle d'air vient se placer à une certaine marque pratiquée au milieu du tuyau, elle fait connaître que le plan sur lequel la machine est posée est exactement de niveau; mais lorsque ce plan n'est point de niveau, la bulle d'air s'élève vers une des extrémités. Ce tuyau de verre se place ordinairement dans un autre tuyau de cuivre qui a dans son milieu une ouverture, par laquelle on observe la position et le mouvement de la bulle d'air. La liqueur dont le tuyau se trouve rempli est ordinairement ou de l'huile de tartre ou de l'eau seconde, parce que ces deux liqueurs ne sont sujettes ni à se geler, comme l'eau ordinaire, ni à la raréfaction et à la condensation, comme l'esprit de vin.

Nivellement. s. m. C'est trouver, avec un instrument, deux points également distans du centre de la terre, et l'objet du nivellement est de savoir précisément combien un endroit est élevé ou abaissé au-dessus de la superficie de la terre.

Il y a deux sortes de niveau, le vrai et l'apparent.

Le vrai niveau est une ligne courbe, puisqu'elle parcourt une partie de la superficie du globe terrestre, et que tous les points de son étendue sont également éloignés du centre de la terre.

Le niveau apparent est une ligne droite qui doit être corrigée par le vrai niveau (dont je donne une table ci-après, pour l'usage des Ingénieurs.), en sorte que, dans trois cents toises de longueur, on trouve un pouce d'erreur, et près d'un pied sur 1000 toises.

On évite l'obligation de corriger le niveau apparent sur le vrai niveau, en se retournant d'équerre sur les deux termes d'un nivellement, et c'est ce qu'on appelle *un coup de niveau compris entre deux stations.*

Table des haussemens du Niveau apparent au-dessus du vrai, jusqu'à la distance de 400 toises.

DISTANCES.	HAUSSEMENS.				
toises.	pieds.	pouces	lignes.	mètr.	millim.
50	0	0	0 ⅓	0,	001
100	0	0	1 ⅓	0,	003
150	0	0	3	0,	007
200	0	0	5 ⅓	0,	012
250	0	0	8 ⅓	0,	019
300	0	1	0	0,	027
350	0	1	4 ⅓	0,	037
400	0	1	9 ⅓	0,	048
450	0	2	3	0,	061
500	0	2	9	0,	074
550	0	3	6	0,	095
600	0	4	0	0,	108
650	0	4	8	0,	126
700	0	5	4	0,	144
750	0	6	3	0,	169
800	0	7	1	0,	191
850	0	7	11 ½	0,	215
900	0	8	11	0,	242
950	0	10	0	0,	271
1,000	0	11	0	0,	298
1,250	1	5	2 ½	0,	466
1,500	2	0	9	0,	670
1,750	2	9	8 ½	0,	913
2,000	3	8	0	1,	192
2,500	5	8	9	1,	861
3,000	8	3	0	2,	680
3,500	11	2	9	3,	647
4,000	14	8	0	4,	765

Dans cette table, la première colonne marque, en toises, les distances entre la station où l'on fait le nivellement, et le lieu où l'on pointe le niveau.

Les autres colonnes contiennent les pieds, pouces, lignes, ou leur réduction en mètres et millimètres, dont le niveau apparent est plus élevé que le vrai, pour les distances qui sont désignées dans la première colonne : en sorte que l'on doit abaisser le niveau apparent de la quantité des pieds, pouces, lignes, ou mètres et millimètres des colonnes suivantes, d'après les distances qui leur sont correspondantes, pour obtenir le vrai niveau.

La règle qui sert à faire trouver les haussemens du niveau apparent par-dessus le vrai, est de *diviser le carré de la distance par le diamètre de la terre*, qui, selon notre mesure, est de 6,538,594 toises ; et c'est pour cette raison que *les haussemens du niveau apparent, sont entre eux comme les carrés des distances*, ainsi qu'on peut le voir dans la table précédente.

Le calcul est aisé, puisque, pour trouver ces haussemens, il ne faut que diviser le carré de la première distance, et le carré de la seconde par le diamètre de la terre, auquel on donne, comme nous venons de le voir, 6,538,594 toises, et qui en a 1375 de plus sous Paris.

Mais puisque les diamètres de la terre, qui font ici la fonction de diviseurs, quelle qu'en soit la grandeur, sont égaux pour l'une et pour l'autre distance, il est clair que *les deux quotients* seront entre eux, comme les dividendes, et que l'on peut s'épargner la peine de faire la division.

Tout le calcul se réduira donc à élever à son carré, la première distance, que nous supposerons de 300 toises, à élever de même à son carré la première distance plus grande, que nous supposerons de 100 toises, et à comparer entre eux les deux carrés 9,000 et 100,000, qui seront entre eux, par la réduction, comme 9 est à 100, et environ comme 1 est à 11.

Il y a deux sortes de nivellemens, le simple et le composé; le nivellement simple est celui qui se fait d'un lieu peu éloigné d'un autre, et d'une seule opération.

Le nivellement composé s'entend de celui qui demande plusieurs opérations de suite dans une distance considérable. Nous indiquerons à nos lecteurs le *Traité du nivellement de M. Picard*, et celui plus savant et plus complet de *M. Puissant*.

O

Obélisque. s. m. Espèce de pyramide quadrangulaire, longue et étroite, qui est ordinairement d'une seule pièce, et qu'on élève dans une place pour y servir d'ornement. La proportion de la hauteur à la largeur est presque la même dans tous les obélisques. La hauteur est neuf fois à neuf fois et demie, et même dix fois la largeur de la base; la largeur du sommet n'est jamais au-dessous de la moitié, ni au-dessus des trois quarts de celle de la base; et on place un ornement sur la pointe qui est émoussée.

Oblique. adj. Se dit, en géométrie, de ce qui s'écarte de la situation droite ou perpendiculaire.

Angle oblique est un angle qui est ou

aigu ou obtus, c'est-à-dire, toutes sortes d'angles, excepté l'angle droit.

La ligne oblique est une ligne qui, tombant sur une autre, fait avec elle un angle oblique.

Une ligne qui tombe sur une autre obliquement, fait d'un côté un angle aigu, de l'autre un angle obtus. On prouve en géométrique que la valeur de ces angles est égale à celle de deux angles droits.

Octaédre. s. m. Nom qu'on donne, en géométrie, à l'un des cinq corps réguliers, qui a huit faces égales, dont chacune est un triangle équilatéral.

On peut regarder l'octaëdre comme composé de deux pyramides quadrangulaires, qui s'unissent par leurs bases; ainsi on peut trouver la solidité de l'octaëdre, en multipliant la base carrée d'une de ces pyramides par le tiers de sa hauteur, et en doublant ensuite le produit.

Octogone. s. m. Se dit, en géométrie, d'une figure de huit côtés et de huit angles.

Quand tous les côtés et les angles de cette figure sont égaux, on l'appelle octogone régulier, ou octogone inscriptible dans un cercle.

Odomètre. s. m. Est un instrument qui sert à mesurer les distances par le chemin qu'on a fait.

L'avantage de cet instrument consiste en ce qu'il est d'un usage fort facile et fort expéditif; sa construction est telle qu'on peut l'attacher à une roue de carrosse: dans cet état, il fait son office et mesure le chemin sans causer le moindre embarras.

OEil de pont. s. m. Ouverture pratiquée dans les récits des arches, qui rend l'ouvrage plus léger et facilite le passage aux inondations. Il en existe au pont de Toulouse et à celui du pont l'Esprit.

Les œils de pont ont un avantage, celui de diminuer le poids dont les bases des piles sont chargées, quelquefois même celui qui est supporté par les voûtes; il y a des cas où cet objet peut devenir très-important.

OEuvre. s. m. Ce terme a plusieurs significations dans l'art de bâtir.

Mettre en œuvre, c'est employer quelque matière pour lui donner une forme et la poser en place. Dans œuvre et hors d'œuvre, c'est prendre des mesures du dedans et du dehors d'un bâtiment. On dit qu'un bassin a, dans œuvre, tant de toises pour exprimer qu'il tient entre ses murs tant de superficie d'eau. Sous œuvre : on dit reprendre un bâtiment sous œuvre, quand on le rebâtit par le pied.

Ordre. s. m. C'est un arrangement régulier de parties saillantes, dont la colonne est la principale, et qui sert à la décoration d'un bâtiment.

Quoique ces sortes de décorations ne se trouvent guère applicables dans la construction des travaux d'art projetés par les Ingénieurs, cependant il y a des circonstances où l'on peut s'en servir : plusieurs ponts des anciens étaient ornés de colonnes, de pilastres.

On ne compte que quatre ordres, le Toscan, le Dorique, l'Ionique et le Corinthien : ils furent inventés par les Grecs ; les Romains en ont ajouté un cinquième, qu'ils ont composé de l'ordre Ionique et Corinthien et qu'ils ont nommé, pour cette raison, *Composite*.

L'ordre Toscan est le premier, le plus simple et le plus solide de tous les ordres;

la hauteur de sa colonne, prise par le bas, est de sept diamètres ; cette solidité ne comporte ni sculpture, ni autres ornemens ; aussi son chapiteau et sa base ont peu de moulures ; et son piédestal, qui est fort simple, n'a qu'un module de hauteur : on n'emploie cet ordre qu'aux bâtimens qui demandent beaucoup de solidité, comme les forteresses, les ponts, etc., etc.

Dans l'ordre Dorique, la hauteur de la colonne est de huit diamètres ; elle n'a aucun ornement ni dans son chapiteau, ni dans sa base, et sa frise est ornée de triglyphes et de métopes.

On trouve toujours de grandes difficultés sur la division exacte qu'on doit observer dans cet ordre, parce que l'axe de la colonne doit l'être en même tems du triglyphe qui est au-dessus, et que les entriglyphes ou métopes doivent toujours former un carré exact.

L'ordre Ionique n'est ni si mâle que le Dorique, ni si solide que le Toscan ; sa colonne a neuf diamètres de hauteur ; son chapiteau est orné de volutes et sa corniche de denticules..

L'ordre Corinthien est la proportion la

plus délicate ; son chapiteau est orné de deux rangs de feuilles d'acanthe, et de huit volutes qui en soutiennent le tailloir. La colonne a dix diamètres de hauteur, et sa corniche est ornée de modillons.

L'ordre composite est ainsi nommé, parce que son chapiteau est composé de deux rangs de feuilles de Corinthien et des volutes de l'Ionique, sa colonne a dix diamètres de hauteur, et sa corniche est ornée de denticules ou modillons simples.

Ovale. s. f. Est une figure curviligne oblongue, dont les deux diamètres sont inégaux, ou une figure renfermée par une seule ligne courbe, d'une rondeur non uniforme, et qui est plus longue que large, à peu près comme un œuf, *ovum*, d'où lui est venu le nom *d'ovale*.

L'ovale, proprement dite, et vraiment semblable à un œuf, est une figure irrégulière, plus étroite par un bout que par l'autre, en quoi elle diffère de l'ellipse, qui est une ovale mathématique, également large à ses deux extrémités.

Les géomètres appellent l'ovale proprement dite *Fausse ellipse*.

Ove. s. m. Moulure formée par un

quart de circonférence, que les ouvriers appellent, pour cette raison, *quart de rond*.

P

Palée. s. f. Est un rang de pieux espacés assez près les uns des autres, liernés, moisés, boulonnés de chevilles de fer, et enfoncés avec le mouton, suivant le fil de l'eau, propre à porter quelque fardeau de maçonnerie, et plus souvent destiné à servir de piles pour porter les travées d'un pont de bois.

Pal-planche. s. f. Dosse affutée par un bout, pour être pilotée, et entretenir une fondation, un bâtardeau, etc. Cet affûtement est tantôt à moitié de la planche, et tantôt en écharpe, et tout en un biais ou en un sens, pour être mieux serrées l'une contre l'autre : on les coupe en onglet et à chanfrein pour les couler aisément dans la rainure l'une dans l'autre entre les joints des longueraines. Quand on les couche dans la longueur du bâtardeau on les nomme *Vannes*.

Panneau. s. m. C'est l'une des faces d'une pierre de taille. On appelle *panneau de douelle*, un panneau qui fait, en dedans ou en dehors, la curvité d'un voussoir : *panneau de tête*, celui qui est au-devant, et panneau de lit, celui qui est caché dans les joints.

On appelle encore *panneau* ou *moule*, un morceau de fer-blanc ou de carton levé ou coupé sur l'épure pour tracer une pierre.

Pantographe. s. m. Est un instrument dont on se sert pour copier le trait de toutes sortes de dessins, soit de la même grandeur, soit en les réduisant ou en les augmentant. Il est composé de quatre règles, deux grandes et deux plus petites, jointes ensemble par des charnières à pivot, lesquelles forment toujours un parallélogramme entre elles : l'une de ces règles porte une pointe qui parcourt tous les traits du dessin original, tandis que le crayon, porté par une autre de ces règles, trace ces mêmes traits de la même grandeur, ou plus grands ou plus petits, sur une surface quelconque.

Cet instrument n'est pas seulement utile

aux personnes qui ne savent pas dessiner, il est encore très-commode pour les plus habiles qui, par-là, se procurent promptement des copies fidèles du premier trait, et des réductions qu'ils ne pourraient avoir autrement qu'avec beaucoup de tems, avec bien de la peine, et vraisemblablement avec moins de fidélité.

PARABOLE. s. f. Est une figure qui naît de la section du cône, quand il est coupé par un plan parallèle à un de ses côtés.

PARALLÈLE. adj. Se dit des lignes et des surfaces qui sont partout à égales distances l'une de l'autre, ou qui, prolongées à l'infini, ne deviennent jamais ni plus proches ni plus éloignées l'une de l'autre.

Ainsi, les lignes droites parallèles sont celles qui ne se rencontrent jamais, quoiqu'on les suppose prolongées à l'infini.

Les lignes parallèles sont d'un très-grand usage dans la géométrie, soit spéculative soit pratique. En tirant des parallèles à des lignes données, on forme des triangles semblables, qui servent merveilleusement à résoudre des problèmes de géométrie :

dans les arts il est presque toujours question des parallèles.

Les géomètres démontrent que deux lignes parallèles à une troisième ligne, sont aussi parallèles l'une à l'autre; et que si deux parallèles sont coupées par une ligne transversale, 1.° les angles alternes internes sont égaux, 2.° les angles externes sont égaux aux internes opposés, etc.

On décrit des lignes parallèles, en abaissant des perpendiculaires égales sur une même ligne, et en tirant des lignes par l'extrémité de ces perpendiculaires.

Parallèlipipède. s. m. C'est un corps solide compris sous six parallèlogrammes, dont les opposés sont semblables, parallèles et égaux. Tous les parallèlipipèdes, prismes, cylindres, etc., dont les bases et les hauteurs sont égales, sont égaux entre eux.

Un plan diagonal divise un parallèlipipède en deux prismes triangulaires égaux; c'est pourquoi un prisme triangulaire n'est que la moitié d'un parallèlipipède de même base et de même hauteur.

Tous les parallèlipipèdes, prismes, cylindres, etc. sont en raison composée de leur base et de leur hauteur ; c'est pourquoi, si leurs bases sont égales, ils sont en raison de leur hauteur, et si les hauteurs sont égales, ils sont en raison de leur base. Tous les parallèlipipèdes semblables, c'est-à-dire, dont les côtés et les hauteurs sont proportionnels, et dont les angles correspondans sont les mêmes, sont en raison triplée de leur côté homologue : ils sont aussi en raison triplée de leur hauteur.

Tous les parallèlipipèdes, prismes, cylindres, etc., égaux en solidité, sont égaux en raison réciproque de leur base et de leur hauteur.

Parallélisme. s. m. C'est la propriété ou l'état de deux lignes, deux surfaces, etc., également distantes l'une de l'autre.

Parallélogramme. s. m. C'est une figure rectiligne de quatre côtés, dont les côtés opposés sont parallèles et égaux.

Le parallélogramme est formé, ou peut être supposé formé par le mouvement uniforme d'une ligne droite toujours parallèle à elle-même.

Quand le parallélogramme a tous ses

angles droits, et seulement ses côtés opposés égaux, on le nomme *rectangle* ou *carré long*; quand les angles sont tous droits et les côtés égaux, il s'appelle *carré*.

Si tous les côtés sont égaux, et les angles inégaux, on l'appelle *courbe* ou *lozange*.

S'il n'y a que les côtés opposés qui soient égaux, et les angles opposés aussi égaux, mais non droits, c'est un rhomboïde.

Tout autre quadrilatère, dont les côtés opposés ne sont ni parallèles, ni égaux, s'appelle un trapèze.

Tout parallélogramme, de quelque espèce qu'il soit, est divisé par la diagonale en deux parties égales; les angles diagonalement opposés sont égaux; les angles opposés au même côté sont, ensemble, égaux à deux angles droits, et deux côtés pris ensemble, sont plus grands que la diagonale.

Deux parallélogrammes, sur la même ou sur une égale base, et de la même hauteur, ou entre les mêmes parallèles, sont égaux, d'où il suit que deux triangles sur la même base, et de la même hauteur sont aussi égaux.

On peut également tirer cette conséquence que tout triangle est moitié d'un parallélogramme sur la même ou sur une égale base, et de la même hauteur, ou entre les mêmes parallèles ; et qu'un triangle est égal à un parallélogramme qui a la même base et la moitié de la hauteur, ou moitié de la base et la même hauteur.

Les parallélogrammes sont en raison composée de leur base et de leur hauteur; si donc les hauteurs sont égales, ils sont comme les bases et réciproquement.

Dans les parallélogrammes et les triangles semblables, les hauteurs sont proportionnelles aux côtés homologues : de là les parallélogrammes et les triangles semblables sont en raison doublée de leurs côtés homologues, aussi bien que de leur hauteur et de leur base; ils sont donc comme les carrés des côtés, des hauteurs et des bases.

Dans tout parallélogramme, la forme des carrés des deux diagonales est égale à la forme des carrés des quatre côtés.

Parapet. s. m. Est, en général, une

élévation de maçonnerie ou de terre qu'on pratique au bord d'un terrain escarpé, comme aux deux côtés de la chaussée d'un pont de pierre, sur un mur de quai, etc.

Parement. s. m. C'est ce qui paraît d'une pierre ou d'un mur au dehors, et qui, selon la qualité des ouvrages, peut être layé et poli au grès. Les Anciens, pour conserver les arêtes des pierres, les posaient à parement brut, et les retaillaient ensuite sur le tas.

— Dans la coupe des pierres, c'est la surface qui doit paraître lorsque la pierre est en place : c'est la douelle dans les voûtes.

Parpain. s. m. Se dit d'une pierre de taille qui traverse toute l'épaisseur d'un mur, en sorte qu'il ait deux paremens, l'un en dedans, l'autre en dehors. On dit qu'une pierre fait parpain, quand elle fait face des deux côtés, comme celle des parapets.

Pas. s. m. Est une mesure déterminée par l'espace qui se trouve entre les deux pieds d'une personne qui marche. Le pas ordinaire est de deux pieds et demi ou trois pieds; le pied géométrique est de cinq pieds comme le pas allemand.

Patin. s. m. Est, en général, toute pièce de bois méplat, couchée sur la terre.

— Est aussi toute pièce de bois couchée sur un terrein qui n'est pas solide, et sur laquelle on pose des plates-formes ou madriers, pour établir les fondemens d'un bâtiment.

Pavé. s. m. Ce mot a deux significations : d'abord, c'est l'aire pavée sur laquelle on marche, et en second lieu, la matière qui l'affermit, comme le caillou, le gravois avec mortier de chaux et sable, le grès et la pierre dure.

— *De briques ;* c'est un pavé qui est fait de briques posées de champ et en épis; les banquettes des ponts et des quais, à Toulouse, sont pavées ainsi.

— *De grès,* est un pavé qu'on fait de quartier de grès de huit à neuf pouces, presque de figure cubique, dont on se sert en France pour paver les grands chemins, surtout aux environs de Paris.

Paver. v. a. C'est asseoir le pavé, le dresser avec le marteau, et le battre avec la demoiselle. On dit paver à sec, lorsqu'on assied le pavé sur un fond de sable; paver à bain de mortier, lorsqu'on se sert de mortier de chaux et sable ou ciment, pour asseoir et maçonner le pavé.

PENDENTIF. s. m. Portion de voûte suspendue, de figure triangulaire, entre les arcs doubleaux et les angles d'une voûte d'arête, ou en arc de cloître.

PENTAGONE. s. m. Figure qui a cinq côtés et cinq angles.

Si les cinq côtés sont égaux, et que les angles le soient également, la figure s'appelle un pentagone régulier.

PENTE. s. f. Est l'inclinaison plus ou moins forte qu'on donne à un terrein ou à un ouvrage quelconque; d'une route, par exemple : on dit qu'elle a tant de lignes de pente par toise. La descente s'appelle pente, la montée se nomme rampe.

PERCHE. s. f. Mesure qui est ordinairement de 22 pieds de long. Dans certains endroits elle n'a que 18 à 20 pieds.

PÉRIMÈTRE. s. m. C'est le contour ou l'étendue qui termine une figure ou un corps.

Les périmètres des surfaces ou figures, sont des lignes; ceux des corps sont des surfaces. Dans les figures circulaires, le périmètre est appelé périphérie ou circonférence. Les géomètres démontrent que l'aire ou la surface du cercle est égale à celle d'un triangle, dont la base est égale à la périphérie, et la hauteur au rayon. Il suit de là que les cercles sont en raison composée de leurs périphéries et de leurs rayons; ils sont aussi en raison doublée de leurs rayons : donc, les périphéries des cercles sont entre-elles comme leurs rayons et par conséquent comme leurs diamètres.

Perpendiculaire. s. f. On appelle ainsi une ligne qui tombe directement sur une autre ligne, de manière qu'elle ne penche pas plus d'un côté que de l'autre, et qu'elle fait par conséquent de part et d'autre des angles égaux.

Perspective. s. f. C'est l'art de représenter, sur une surface plane, les objets visibles, tels qu'ils paraissent à une distance ou à une hauteur donnée, à travers un plan transparent, placé perpendiculairement à l'horizon, entre l'œil et l'objet.

La perspective est ou spéculative ou pratique.

La spéculative est la théorie des différentes apparences ou représentations de certains objets, suivant les différentes positions de l'œil qui les regarde.

La pratique est la méthode de représenter ce qui paraît à nos yeux, ou ce que notre imagination conçoit, et de le représenter sous une forme semblable aux objets que nous voyons.

La perspective, soit spéculative, soit pratique, a deux parties, l'ichnographie, qui est la représentation des surfaces, et la scénographie, qui est celle des solides.

La perspective s'appelle plus particulièrement perspective linéaire, parce qu'elle considère la position, la grandeur, la forme, etc., des différentes lignes ou des contours des objets.

On appelle plan géométral un plan parallèle à l'horizon, sur lequel est situé l'objet qu'on veut mettre en perspective; plan horizontal, un plan aussi parallèle à l'horizon et passant par l'œil; ligne de terre ou fondamentale, la section du plan horizontal et du tableau; point de vue, ou point principal, le point du tableau sur lequel tombe une perpendiculaire menée de l'œil ; ligne distante, la distance de l'œil à ce point, etc.

Pertuis. s. m. C'est un passage étroit, pratiqué dans une rivière aux endroits où elle est basse, pour en augmenter l'eau de quelques pieds, afin de faciliter la navigation des bateaux qui montent et qui descendent ; cela se fait en laissant entre deux batardeaux une ouverture qu'on ferme avec des ais ou des planches en travers, ou enfin avec des portes à vannes.

Les pertuis sont appelés, dans différens pays, pas, demi-écluses, portières, portes marinières, pas de roi, passelis ; ce sont, en général, les passages d'une rivière où l'eau est retenue, et que l'on ouvre pour faire passer les bateaux ; ils descendent à l'aide du courant, et ils remontent contre le courant, par le moyen des machines, des chevaux ou des bœufs.

On ne peut pratiquer des pertuis que dans les endroits où la chûte est peu considérable ; quand les chûtes ont plus de trois pieds, il faut des écluses à bassins ou à sas : on est aussi obligé d'employer les sas quand on a très-peu d'eau, parce que les pertuis en dépensent beaucoup plus, restant ouverts tout le tems que les bateaux employent à monter ou à descendre, au lieu que les sas ne prennent exactement que ce qu'il faut pour les remplir.

Pesanteur. s. f. Est cette propriété en vertu de laquelle tous les corps que nous connaissons tombent et s'approchent du centre de la terre, lorsqu'ils ne sont pas soutenus. Il est certain que cette propriété a une cause, et on aurait tort de croire qu'un corps qui tombe, ne tombe point par une autre raison que parce qu'il n'est pas soutenu; car, qu'on mette un corps pesant sur une table horizontale, rien n'empêche ce corps de se mouvoir sur la table horizontalement et en tous sens; cependant il reste en repos : or, il est évident qu'un corps, considéré en lui-même, n'a pas plus de penchant à se mouvoir dans un sens que dans un autre, et cela, parce qu'il est indifférent au mouvement ou au repos; donc, puisqu'un corps se meut toujours de haut en bas, quand rien ne l'en empêche, et qu'il ne se meut jamais dans un autre sens, à moins qu'il n'y soit forcé par une cause visible, il s'ensuit qu'il y a nécessairement une cause qui détermine, pour ainsi dire, les corps pesans à tomber vers le centre de la terre. Mais il n'est pas facile de connaître cette cause, et sans m'arrêter à citer ce que les savans ont dit là-dessus, je me contenterai de rapporter les effets connus.

1.° La force qui fait tomber les corps est toujours uniforme, et elle agit également sur eux à chaque instant.

2.° Les corps tombent vers la terre d'un mouvement uniformément accéléré.

3.° Leurs vitesses sont comme les tems de leurs mouvemens.

4.° Les espaces qu'ils parcourent sont comme les carrés des tems, ou comme le carré des vitesses, et par conséquent les vitesses et les tems sont en raison sous-doublée des espaces.

5.° L'espace que le corps parcourt en tombant pendant un tems quelconque, est la moitié de celui qu'il parcourrait pendant le même tems, d'un mouvement uniforme avec la vitesse acquise, et par conséquent, cet espace est égal à celui que le corps parcourrait d'un mouvement uniforme, avec la moitié de cette vitesse.

6.° La force qui fait tomber ces corps vers la terre, est la seule cause de leur poids; car, puisqu'elle agit à chaque instant, elle doit agir sur les corps, soit qu'ils soient en repos, soit qu'ils soient en mouvement; et c'est par les efforts que ces corps font sans cesse pour obéir à cette force, qu'ils pèsent sur les obstacles qui les retiennent.

Il faut distinguer avec soin la pesanteur des corps de leur poids. La pesanteur, c'est-à-dire cette force qui pousse les corps à descendre vers la terre, agit de même sur tous les corps, quelle que soit leur masse; car le poids d'un corps est le produit de la pesanteur par la masse de ce corps; ainsi, quoique la pesanteur fasse tomber également vîte dans la machine du vide les corps de masse inégale, leur poids n'est cependant pas égal.

Les différens poids des corps d'un volume égal dans le vide, servent à faire connaître la quantité relative de matière propre, et de pores qu'ils contiennent; c'est ce qu'on appelle la *pesanteur spécifique des corps*.

Les corps abandonnés à eux-mêmes, tombent vers la terre, suivant une ligne perpendiculaire à l'horizon. Il est constant, d'après l'expérience, que la ligne de direction des corps graves est perpendiculaire à la surface de l'eau; or, la terre étant reconnue à peu près sphérique, par toutes les observations géographiques et astronomiques, le point de l'horizon vers lequel les corps graves sont dirigés dans leur chûte, peut toujours être considéré comme l'extrémité d'un des rayons de cette sphère; ainsi, si la ligne selon laquelle les corps tombent vers la terre, était prolongée, elle passerait par son centre, supposé que la terre soit parfaitement sphérique : mais la terre est un sphéroïde aplati vers les pôles, et alors la ligne de direction des corps graves n'étant point précisément au centre de la terre, leur lieu de tendance occupe un certain espace autour de ce centre.

PIC. s. m. Instrument de fer, un peu

courbé, pointu et acéré, avec un long manche de bois, qui sert aux maçons terrassiers à ouvrir la terre ou à démolir les vieux bâtimens.

Pierre. s. f. Substances terreuses endurcies par le tems. Plus les parties qui les composent sont atténuées, et plus elles sont étroitement liées les unes aux autres. Parmi les pierres, les unes sont tendres, d'autres ont acquis une telle dûreté, qu'elles ne peuvent être travaillées qu'avec l'acier.

On peut considérer les pierres selon la nature des matières qui entrent dans leur formation, et en général, elles ne diffèrent entre elles que par la dureté et la liaison des parties, toutes circonstances qui sont l'effet du tems et du hasard.

Les pierres acquièrent de la densité à raison de la finesse de la matière, et elles sont formées par *juxta-position.*

Rien de plus varié que la figure des pierres; on en voit qui affectent constamment une forme régulière et déterminée, tandis que d'autres se montrent dans l'état de masses informes et sans nulle régularité: quelques-unes, en se cassant, se partagent toujours, soit en cubes, soit en trapezoïdes et autres figures, d'autres se cassent en fragmens informes et irréguliers; quelques pierres se trouvent en masses détachées, d'autres se présentent sous la forme de bancs ou de couches immenses, d'autres enfin sont des blocs énormes et des montagnes entières. De toutes ces pierres, les unes donnent des étincelles lorsqu'elles sont frappées avec le briquet, d'autres n'en donnent pas; quelques pierres se calcinent et perdent leur liaison par l'action du feu, d'autres se durcissent au feu, y entrent en fusion; il y en a qui se dissolvent dans les acides, d'autres qui n'en reçoivent aucune altération.

C'est au milieu de toutes ces variétés qu'un Ingénieur est obligé de choisir les pierres les plus propres à l'usage des travaux dont il est chargé.

Les pierres peuvent se diviser, selon leur essence, en cinq classes principales.

La première renferme les pierres argileuses qui durcissent au feu, et ne sont point attaquées par les acides.

La deuxième comprend les pierres calcaires, qui se dissolvent dans les acides et se réduisent en chaux par le moyen du feu.

La troisième contient les pierres gypseuses ou à plâtre : elles forment le plâtre par l'action du feu, et ne se dissolvent point dans les acides.

La quatrième contient les pierres vitrifiables, qui ne sont pas non plus attaquables par les acides; mais on en tire des étincelles en les frappant d'un briquet.

La cinquième renferme les pierres fusibles par elles-mêmes, au degré de feu où les précédentes ont résisté; elles ne font point de feu avec le briquet; elles sont très-pesantes.

Pieu ou filot. s. m. Pièce de bois pointue et ferrée, enfoncée en terre au refus du mouton, pour former les palées des ponts de bois, les crèches des piles, et les culées des ponts et des murs de quais, les files de pieux qui retiennent les terres, les digues et les batardeaux.

Un pieux destiné à être exposé à l'eau et à l'injure du tems, doit être formé de la pièce la plus forte que l'on puisse tirer d'un arbre, et ce sera l'arbre même, s'il est d'un droit fil et sain. Tout équarrissage trancherait les fibres et tronquerait par segmens les corps ligneux, annulaires, dont la contexture, plus serrée que des insertions qui se trouvent de l'un à l'autre de ces corps ligneux, pourra mieux résister. Ces corps ligneux étant conservés en leur entier, on doit se contenter d'abattre les nodosités, d'équarrir et former en pointe pyramidale le bout destiné à la fiche. Quelquefois on ne fait que durcir le pieu ou pilot au feu, quand il est destiné pour un terrein qui n'est pas ferme; mais ce moyen est reconnu insuffisant. Le pieu doit être armé d'une lardoire ou sabot de fer à trois ou quatre branches.

La grosseur des pieux dépend de leur longueur; mais, en général, il suffit qu'ils aient 9 pouces de grosseur jusqu'à 10 et 12 pieds de long, et un pouce de plus pour chaque toise excédant cette première longueur: ainsi, un pilot de 28 à 30 pieds aurait un pied de grosseur réduite mesurée ainsi sans l'écorce.

Pilastre. s. m. Colonne carrée, à laquelle on donne la même mesure, le même chapiteau, la même base et les mêmes ornemens qu'aux autres colonnes, et cela, suivant les ordres. Le pilastre est quelquefois isolé; mais il est plus souvent engagé dans le mur. Dans le second cas, on le fait sortir du tiers, du quart, du sixième, ou de la huitième partie de sa largeur, selon les ouvrages. On cannelle les pilastres comme les colonnes, et on leur donne sept cannelures dans chaque face de fût : on peut les employer pour la décoration des ponts.

Pile. s. f. Massif de forte maçonnerie dont le plan est presque toujours un hexagone allongé, qui sépare et porte les arches d'un pont de pierre, ou les travées d'un pont de bois. On construit ces massifs avec beaucoup de précautions. D'abord, son fondement est relevé en talus par recoupement, retraites et degrés, jusqu'au niveau de la terre du fond de l'eau;

En second lieu, la première assise est toute de pierres de taille, composée de carreaux et de boutisses, ceux-là ayant deux pieds de lit, et les boutisses au moins trois pieds de queue; ces pierres sont coulées, fichées, jointoyées, mêlées de chaux et de ciment.

On cramponne celles qu'on appelle *pierres de parement* les unes avec les autres, avec des crampons de fer scellés en plomb; outre cela, on met à chaque pierre de parement un crampon pour la lier avec des libages, dont on entoure la première assise. Ces libages, de même hauteur que les pierres de parement, sont posés à bain de mortier, de chaux et de ciment, et on en remplit bien les joints d'éclats de pierre dure : on bâtit de même les autres assises de pierres.

La proportion d'une pile est difficile à déterminer. Les anciens donnaient aux piles des ponts, la troisième partie de la grandeur des arches, et même la moitié. Aujourd'hui on donne un quart, même un cinquième : mais, sur quoi cette règle est-elle fondée ? on n'a encore rien de positif sur cette matière. Cette fixation doit dépendre nécessairement de la qualité des pierres et de leur pesanteur; car, en connaissant la qualité des pierres, la solidité d'une arche, et supposant que les piles supportent la moitié de la maçonnerie des arches qui sont à leurs côtés, il est évident qu'on pourra régler les dimensions des piles en égalant ces deux solidités.

Pilot, s. m. *Voyez* Pieux.

— *Pilots de bordage*, ce sont des pilots qui environnent le pilotage, et qui portent les patins et les racinaux.

— *De remplage;* pilots qui garnissent l'espace piloté : il en entre 18 à 20 dans une toise superficielle.

— *De retenue*, pilots qui sont au dehors d'une fondation, et qui soutiennent le terrain de mauvaise consistance sur lequel une pile de pont est fondée.

— *De support;* pilot sur la tête duquel la pile est supportée, comme ceux, par exemple, qu'on plante dans les chambres d'un grillage.

Piloter. v. a. Peupler de pilots battus au refus du mouton, un terrein de mauvaise consistance sur lequel une pile de pont est fondée.

Pince. s. f. Barre de fer carrée, de différentes longueurs, dont un bout est arrondi pour servir de manche, et dont l'autre bout est courbé en talon ; on s'en sert pour remuer de grands fardeaux. Il y a une pince qu'on nomme *pince à pied de chèvre*, dont le bout recourbé est fendu.

PINNULES. s. f. On appelle ainsi deux petites pièces de cuivre, assez minces et à peu près carrées, élevées perpendiculairement aux deux extrémités de l'alidade d'un demi-cercle, d'un graphomètre, d'une équerre d'arpenteur, ou de tout autre instrument semblable, dont chacune est percée, dans le milieu, d'une fente qui règne de haut en bas. Quand on prend des distances, que l'on mesure des angles sur le terrain, ou que l'on fait toute autre observation, c'est par ces fentes, qui sont dans un même plan avec la ligne, qu'on appelle *ligne de foi*, et qui est tracée sur l'alidade, que passent les rayons visuels qui viennent des objets à l'œil. On voit donc que les pinnules servent à mettre l'alidade dans la direction de l'objet qu'on se propose d'observer et que les fentes servent à en faire discerner quelques parties d'une manière bien déterminée. C'est pourquoi ces fentes ayant un peu de largeur, pour laisser voir plus facilement les objets, portent un cheveu qui en occupe le milieu, depuis le haut jusqu'en bas. Au lieu d'un cheveu, d'un fil de soie, ceux qui fabriquent les instrumens laissent entre les fentes un filet de même matière que les pinnules, quand il s'agit d'instrumens où il n'est pas besoin d'une exactitude rigoureuse, tel que le bâton ou l'équerre d'arpenteur, etc.

Pioche. s. f. Outil de fer plat, dont une extrémité est acérée et pointue, ou carrée, et l'autre, percée d'un trou ou œil, pour y ajuster un manche : il sert à fouiller la terre, à travailler aux démolitions, et à dégrossir les pierres et les piquer.

Piquer. v. a. C'est, en maçonnerie, rustiquer les paremens ou les lits d'une pierre.

— *En charpenterie*, c'est marquer sur une pièce de bois, par des lignes avec le *traceret*, l'ouvrage qu'il faut y faire pour la tailler et façonner.

Piqueur. s. m. Est, dans un atelier, un homme préposé par l'entrepreneur, pour marquer les journées des ouvriers, veiller à l'emploi du tems, piquer sur son rôle ceux qui s'absentent dans le tems du travail, et pour recevoir les matériaux par compte, et en garder les notes ou les tailles.

Piston. s. m. Est un cylindre de bois, quelquefois de métal solide ou percé, et garni de soupape, attaché à l'extrémité d'une verge ou barre de fer, qu'on lève et baisse alternativement dans le tuyau ou corps d'une pompe, par le moyen d'une manivelle ou brinqueballe, pour aspirer ou pousser l'eau en l'air. *Voyez Pompe.*

Pivot. s. m. Est un morceau de métal, de figure conique, qu'on fait tourner dans une crapaudine, ou de figure cylindrique qu'on fait tourner dans un collier.

Plan. s. m. Signifie une surface à laquelle une ligne droite se peut appliquer en tout sens, de manière qu'elle coïncide toujours avec cette surface.

— *Incliné*, est un plan qui fait un angle oblique avec un plan horizontal.

Plan. Lever un plan, c'est l'art de représenter sur le papier les différens angles et les différentes lignes d'un terrain dont on a pris les mesures avec un graphomètre, une boussole, ou un autre instrument semblable.

Plancher de plate-forme. s. m. C'est, sur un espace peuplé de pilots, une aire faite de plate-formes ou de madriers, posés en chevauchure sur des patins et racinaux, pour recevoir les premières assises de pierres, de la culée, ou de la pile d'un pont, d'un môle, d'une digue, etc.

Planchette. s. f. C'est un instrument dont on se sert pour la levée des plans ou l'arpentage des terres, et avec lequel on a, sur le terrein même, le plan que l'on demande, sans être obligé de le rapporter à part.

Poids. s. m. Est l'effort avec lequel un corps tend à descendre, en vertu de sa pesanteur ou gravité. Il y a cette différence entre le poids d'un corps et la gravité, que la gravité est la force même, ou cause qui produit le mouvement des corps pesans, et le poids comme l'effet de cette cause, effet qui est d'autant plus grand, que la masse du corps est plus grande, parce que la force de la gravité agit sur chaque particule du corps : ainsi le poids d'un corps est double de celui d'un autre, quand sa masse est double.

Un corps plongé dans un fluide, qui est d'une pesanteur spécifique moindre que lui, perd de son poids une partie égale à celle d'un pareil volume de fluide; en effet, si un corps était de même poids que l'eau, il s'y soutiendrait, en quelqu'endroit qu'on le plaçât, puisqu'il serait alors dans le même cas qu'une portion de fluide, qui lui serait égale et semblable en grosseur et en volume : ainsi, dans ce cas, il ne ferait aucun effort pour descendre; donc lorsqu'il est plus pesant qu'un pareil volume de fluide, l'effort qu'il fait pour descendre est égal à l'excès de son poids sur celui d'un égal volume de fluide : par conséquent un corps perd plus de son poids dans un fluide plus pesant, que dans un fluide qui l'est moins, et pèse, par conséquent, plus dans un fluide plus léger, que dans un plus pesant. De plus, toutes ces choses égales d'ailleurs, plus un corps a de volume, plus il perd de son poids dans un fluide où on le plonge : de là il s'ensuit qu'une livre de plomb et une livre de liége, qui sont également pesantes lorsqu'elles sont posées dans l'air, ne le seront plus dans le vide : la livre de liége sera alors plus pesante que la livre de plomb, parce que la masse de liége, qui pesait une livre dans l'air, perdait plus de son poids que la masse de plomb qui avait moins de volume. Si le corps est moins pesant qu'un égal volume de fluide, alors il ne s'enfonce pas tout à fait dans le fluide; il surnage, et il s'enfonce dans le fluide jusqu'à ce que la partie enfoncée occupe la place d'un volume de fluide qui serait d'une pesanteur égale à celle du corps entier.

On donne aussi le nom de poids à un corps d'une pesanteur déterminée, dont on se sert pour mesurer les autres, tel que le quintal, la livre, l'once, etc.

Je joins à ce court énoncé une table du poids d'un pied cube des différentes matières dont on fait usage, table intéressante pour tout le monde.

	livres.		livres.
Or, le pied cube pèse	1355	Etain	510
Argent	735	Terre ordinaire	95
Cuivre	545	Terre grasse	115
Plomb	794	Granits	185
Fer	545	Schistes	190
		Bazalte	169

	livres.		livres.
Ardoise	156	Cailloux	182
Chaux vive	59	Pierre meulière. . .	174
Mortier de chaux et sable.	120	Eau de mer	73
			liv. on. g.
Plâtre gâché	104	Air.	0 1 3
Tuile	127		livres.
Brique.	132	Bois de chêne, vert.	80
Sable de rivière. . .	132	Chêne sec	52
Sable de terrain. . .	120	Noyer	46
Eau de puits	72	Orme	46
Eau de rivière . . .	69	Frêne	60
Eau de fontaine . .	70	Hêtre	60
Terre argileuse . . .	135	Aune.	56
Pierre à bâtir. . . .	120	Erable.	52
Pierre à plâtre . . .	155	Saule	40
Grès	180	Tilleul.	42
Marbre	190	Sapin.	38
Quartz.	186	Peuplier	28

On conçoit aisément que ces pesanteurs varient selon la nature et la qualité des espèces ; mais les différences qui existent sont de peu d'importance dans l'emploi qu'on peut faire de ces matériaux.

Pointer. v. a. C'est, dans la coupe des pierres, prendre sur l'épure le développement des panneaux, et les rapporter sur les blocs de pierre, soit avec le compas, soit avec la fausse équerre, sur des cartons.

Polygone. s. m. Se dit d'une figure de plusieurs côtés, ou d'une figure dont le périmètre ou le contour a plus que quatre côtés et quatre angles.

Si les côtés et les angles sont égaux, c'est un polygone régulier. On distingue les polygones suivant le nombre de leurs côtés ; le pentagone a cinq côtés, l'hexagone six, l'heptagone sept, l'octogone huit, etc.

Tout polygone peut être divisé en autant de triangles qu'il a de côtés.

Les angles d'un polygone quelconque, pris ensemble, font deux fois autant d'angles droits, moins quatre, que la figure a de côtés : par conséquent si le polygone a cinq côtés, en doublant on a dix, d'où ôtant quatre, il reste six angles droits.

Tout polygone circonscrit à un cercle, est égal à un triangle rectangle, dont un des côtés est le rayon du cercle, et l'autre est le périmètre ou la somme de tous les côtés du polygone.

D'où il suit que tout polygone est égal à un triangle, dont un des côtés est le périmètre du polygone, et l'autre côté une perpendiculaire tirée du centre sur l'un des côtés du polygone.

Tout polygone circonscrit à un cercle,

est plus grand que le cercle, et tout polygone inscrit est plus petit que le cercle. La raison en est que le contenant est toujours plus grand que ce qui est contenu.

Il suit que le périmètre de tout polygone circonscrit à un cercle, est plus grand que la circonférence de ce cercle, et que le périmètre de tout polygone inscrit à un cercle, est plus petit que la circonférence de ce cercle; d'où il suit qu'un cercle est égal à un triangle rectangle, dont la base est la circonférence du cercle, et la hauteur est le rayon, puisque ce triangle est plus petit qu'un polygone quelconque circonscrit, et plus grand qu'un polygone inscrit.

Pour trouver l'aire d'un polygone régulier, on multiplie un côté du polygone par la moitié du nombre des côtés, par exemple, le côté d'un hexagone par trois. On multiplie ensuite le produit par la perpendiculaire abaissée du cercle circonscrit sur un des côtés.

Pour trouver l'aire d'un polygone irrégulier ou d'un trapèze, résolvez-le en triangles, déterminez les différentes aires de ces différens triangles, la somme de ces aires est l'aire du polygone proposé.

Pompe. s. f. Machine composée de tuyaux cylindriques de bois ou de métal, d'un piston et de soupapes, dont on se sert pour puiser l'eau et l'élever.

Il y en a de différentes espèces, savoir : la pompe aspirante, la pompe foulante et la pompe aspirante et foulante.

La pompe aspirante est celle qui, dans un même tuyau cylindrique, renferme un piston percé, garni d'une soupape, armé d'une tige. Lorsque, par un mouvement quelconque, on élève le piston, la soupape se ferme et donne à l'eau qui est dans le tuyau inférieur, la liberté de monter; ensuite ce même mouvement faisant descendre le piston, l'eau contenue dans le tuyau inférieur, qui est comprimée, soulève la soupape, passe à travers le piston, et s'élève au-dessus.

La pompe foulante est celle dont le piston agit dans un sens contraire, étant renversé et foulant l'eau en montant; à cet effet, il est retenu dans un châssis de fer. Lorsque le piston descend par l'action du moteur, la soupape s'ouvre, le clapet se ferme, et l'eau qui passe à travers le piston monte dans le tuyau; ensuite le piston remontant, la soupape se ferme, et l'eau qui se trouve comprimée au-dessus, oblige le clapet de s'ouvrir, et par ce moyen elle monte dans le tuyau supérieur.

La pompe aspirante et foulante est celle dont le piston massif agit dans le tuyau d'aspiration, et au-dessous duquel est le clapet. Au-dessus de ce clapet et à côté, est un autre tuyau courbe, d'un moindre diamètre, à l'entrée duquel est un autre clapet. Lorsque la puissance fait monter le piston, le clapet s'ouvre et aspire l'eau; mais lorsqu'il descend, ce clapet se ferme et l'eau contenue entre ce clapet et le piston étant comprimée, fait ouvrir le clapet du tuyau courbe, par lequel elle passe, et par la répétition successive des coups de piston, elle s'élève de plus en plus et en plus grande quantité.

Il y a plusieurs manières de disposer ces trois sortes de pompes, suivant les endroits où on les place; on les fait aussi mouvoir de différentes façons, soit à bras, soit par le tirage de chevaux, soit par l'action de l'air sur les ailes d'un moulin à vent, soit par l'action de l'eau sur une roue à aubes ou à godet, soit enfin par le moyen du feu.

Pont. s. m. C'est un bâtiment de pierre ou de bois, élevé au-dessus d'une rivière, d'un ruisseau, pour en faciliter le passage.

Les premiers hommes réunis en société, durent trouver, dans le cours seul d'un ruisseau, un obstacle à leurs communications. Un arbre renversé leur facilita sans doute bientôt le passage; mais un plus grand nombre d'hommes réunis rencontrèrent de plus grands obstacles pour traverser les rivières et les fleuves; il fallut inventer des moyens, vaincre ces difficultés. Un seul corps d'arbre renversé, pour le passage d'un ruisseau, amena l'idée de l'assemblage de plusieurs corps d'arbres pour traverser un fleuve, ainsi les ponts de charpente doivent remonter presque à l'origine des sociétés. L'histoire ne nous transmet rien de positif sur ces opérations primitives de l'industrie des hommes; mais aux premiers travaux qu'on exécuta en ce genre, on dut reconnaître facilement que les ponts en bois ne pouvaient avoir ni la solidité, ni la durée nécessaires pour ces sortes de monumens. Bien des siècles se sont sans doute écoulés avant qu'on parvînt à la construction des voûtes. D'abord on éleva des piliers de distance en distance, sur lesquels on posa des planches ou de longues pierres. La Chine nous offre encore des ponts, dont la construction marque le second pas du genie vers la perfection. Sous les Romains on connut la manière de construire des voûtes, mais seulement en plein cintre; et ce n'est que par des degrés presque insensibles, qu'on est parvenu de nos jours, et surtout en France, à cette perfection de la construction des ponts, qui étonne le génie lui-même.

Un pont en bois, tel qu'il soit, a deux culées, qui sont les deux extrémités, appuyées sur des murs de renforts, quelquefois contre des rochers ou des terreins propres à soutenir l'effet des poussées des arches, suivant la disposition des lieux.

Les ponts ont une ou plusieurs ouvertures assez grandes, qu'on appelle *arches.*

Les piles sont des points d'appui sur lesquels reposent les arches. Ce qu'on appelle *pile* dans un pont de pierre, se nomme palée dans un pont de charpente.

On peut considérer les ponts en bois comme de forts planchers, dont les solives sont soutenues par des poutres qui portent sur des piles de charpente ou de maçonnerie.

Il faut que les grosseurs des pièces de bois employées aux ponts de charpente aient au moins la vingt-quatrième partie de leur longueur, parce que leur force ne doit pas seulement être en rapport avec le poids particulier qu'elles ont à soutenir, mais de plus avec l'ensemble général, pour lui procurer une stabilité suffisante, résister à la masse des efforts mis en mouvement et obvier aux imperfections qui peuvent se trouver dans les matières et la main-d'œuvre.

Lorsque la distance entre les piles est fort grande, on peut augmenter la portée de la partie du milieu, en lui donnant trois épaisseurs, et faisant celles des parties ensuite doubles, et celles près des piles d'une seule épaisseur.

Pour proportionner la longueur des travées à ces épaisseurs, on divisera l'espace entre les piles en neuf parties égales : on en donnera une pour les parties près des piles, cependant à une seule épaisseur ; on fera la longueur de celles ensuite des deux parties, et on donnera trois parties pour la travée du milieu, qui répond aux trois épaisseurs : ainsi, par exemple, pour une distance de quatre-vingt-dix pieds, les travées des extrémités auront dix pieds, celles ensuite vingt pieds et la travée du milieu trente pieds.

Les ponts de maçonnerie construits sur les grandes routes doivent être d'une solidité à toute épreuve, d'un abord commode ; ils doivent surtout présenter aux eaux un évacuation aisée, et un passage libre à la navigation, si la rivière en est susceptible ; c'est pourquoi il faut donner aux ponts au moins autant de longueur que cette rivière aura de largeur d'eau vive dans le temps de ses plus grandes crues.

Quelques observations générales semblent d'abord pouvoir servir à celui qui projette un pont, afin de régler l'ouverture des arches d'après le plus ou moins de pluie, ou d'après l'étendue du terrain que les rivières parcourent; mais ces données sont bien incertaines, si, d'ailleurs, elles ne sont pas appuyées par d'autres faits, et surtout par le voisinage des ponts bâtis sur la même rivière.

Tous les matériaux qu'on est obligé d'employer dans la construction des ponts de maçonnerie, doivent être exposés à l'air, pendant un hiver et un été, pour rejeter, au bout de ce tems, toutes les pierres de taille qui n'auront pas été à l'épreuve du chaud et du froid; les Ingénieurs ou Conducteurs doivent les examiner avec soin, et faire sur-le-champ casser ou écorner celles qui ne sont pas de recette.

Pont de fer, invention moderne fort ingénieuse, mais qui ne présente pas, ce me semble, la solidité nécessaire à ces sortes de monumens.

Poulie. s. f. Est une des cinq principales machines dont on traite dans la statique : elle consiste dans une petite roue, qui est creusée dans sa circonférence, et qui tourne autour d'un clou ou axe placé à son centre; on s'en sert pour élever des poids par le moyen d'une corde, qu'on place, et qu'on fait glisser dans la rainure de la circonférence.

L'axe, sur lequel la poulie tourne, se nomme *goujon*, et la pièce fixe, de bois ou de fer, dans lequel on le met, se nomme *l'écharpe*.

La poulie est principalement utile, quand il y en a plusieurs réunies ensemble; cette réunion forme ce qu'on appelle un *Mouffle*.

L'avantage de cette machine est de tenir peu de place, de pouvoir se remuer aisément, et de faire élever un très-grand poids avec peu de force.

M. Fyoc, mathématicien, a inventé, il y a plusieurs années, une poulie mécanique, machine très-ingénieuse, dont je vais donner la description.

Le corps de la *poulie mécanique*, à proprement parler, est un cylindre du diamètre qu'on aurait donné au fond de la gorge, et de la même épaisseur que celle qu'on lui aurait donnée si elle avait été exécutée à l'ordinaire : ce cylindre est fixé sur un arbre qui porte les deux pivots; sur cet arbre, entre de chaque côté un petit plateau du diamètre nécessaire, pour former, au-dessus du cylindre dont nous venons de parler, une gorge dont les rebords aient une hauteur suffisante, pour bien contenir la corde qu'on veut y mettre : ces deux plateaux sont bombés du côté opposé à la surface, par laquelle ils s'appliquent au cylindre, et d'une épaisseur convenable ; ils ont des entailles qui, partant d'une certaine distance du centre, vont se rendre à la circonférence ; enfin, ils sont garnis à leur surface interne, de rugosités, pour mieux saisir la corde. Une espèce de fourche, attachée au haut de l'écharpe, et mobile sur des pivots, est continuellement pressée par un ressort contre les deux petits plateaux, de manière que chacune de ses dents ou extrémités, s'engage dans les entailles des plateaux. Ceci bien entendu, on conçoit que quand on tire la corde dans le sens ordinaire, la fourche ne fait aucun obstacle au mouvement de la poulie ; mais qu'à l'instant où on la lâche, la fourche pressant, par l'effet du ressort, contre les plateaux, qui sont bombés, et serrant, par ce moyen, la corde dans cette gorge artificielle, elle l'empêche de glisser, tandis que la poulie elle-même est arrêtée par les dents de la fourche qui s'engagent dans les entailles de ces plateaux. Il y a un levier qui sert dans l'occasion à soulever les ressorts, pour en empêcher l'action. L'invention de cette poulie a obtenu l'approbation de l'Académie des Sciences, et a déjà été employée, d'une manière avantageuse dans quelques établissemens publics.

POUSSÉE. s. f. Effort que fait le poids d'une voûte, contre les murs sur lesquels elle est bâtie. C'est aussi l'effort que font les terres d'un quai ou d'une terrasse, et le corroi d'un batardeau.

Dans les voûtes, cet effort est celui que font les voussoirs, à droite et à gauche de la clef, contre les pieds-droits. Il est de la dernière importance de connaître cette poussée, afin d'y opposer une résistance convenable, pour que la voûte ne s'écarte pas.

Il est évident que tous les voussoirs ont une figure de coin plus large par haut que par bas, en vertu de laquelle ils s'appuient et se soutiennent les uns les autres, et résistent réciproquement à l'effort de leur pesanteur qui les porterait à tomber, si le voussoir du milieu de l'arc, qu'on appelle *clef de voûte*, ne les retenait.

Le second voussoir, qui est à droite ou à gauche de la clef de voûte, est soutenu par un troisième voussoir, qui, en vertu de la figure de la voûte, est nécessairement plus incliné à l'égard du second, que le second ne l'est à l'égard du premier; et par conséquent, le second voussoir, dans l'effort qu'il fait pour tomber, exerce une moindre partie de sa pesanteur que le premier. Par la même raison, tous les voussoirs, à compter depuis la clef de la voûte, vont toujours en exerçant une moindre partie de leur pesanteur totale; et enfin le dernier qui est posé sur une surface horizontale du pied droit, n'exerce aucune partie de sa pesanteur, puisqu'il est entièrement soutenu par le pied droit.

Il n'y a pas d'autre moyen d'égaler ces différentes parties et de les mettre en équilibre, qu'en augmentant à proportion les masses qui les composent, c'est-à-dire qu'il faut que le second voussoir soit plus pesant que le premier, le troisième plus que le second, et ainsi de suite jusqu'au dernier, qui doit être infiniment pesant, puisqu'il doit résister à la poussée de tous les autres voussoirs.

Cela se réduit à charger, autant qu'il est possible, les derniers voussoirs, afin qu'ils résistent à l'effort que fait la voûte pour les écarter : c'est ce qu'on appelle *la poussée*.

POUTRE. s. f. C'est la plus grosse pièce de bois dont on se sert dans la charpenterie.

La résistance totale de chaque poutre est le produit de sa base par sa hauteur.

Si les bases de deux poutres sont égales en longueur, quoique les longueurs et largeurs soient inégales, leur résistance sera comme leur hauteur : d'où il suit qu'une poutre sur champ, ou sur le plus petit côté de sa base, résistera plus que posée sur le plat, et cela, à raison de l'excès de hauteur que cette première situation lui donnera sur la seconde.

POUZZOLANE. s. f. Sable d'un rouge de brique, admirable pour bâtir, et qu'on tire du territoire de Pouzzole en Italie, près de Naples.

C'est un mélange de parties sableuses, terreuses et ferrugineuses, endurcies, liées et accrochées ensemble, jusqu'à la grosseur d'un pois, et desséchées par des feux souterrains. On s'en sert avec le plus grand avantage pour construire dans l'eau. On y joint parties égales de sable et quatre à cinq parties de chaux; on étend le mélange dans une grande quantité d'eau et on l'emploie aussitôt.

Pression. s. f. Est proprement l'action d'un corps qui fait effort pour en mouvoir un autre.

La pression se rapporte également au corps qui presse et à celui qui est pressé.

La pression de l'air, sur la surface de la terre, est égale à la pression d'une colonne d'eau de même base, et d'environ 32 pieds de haut, ou d'une colonne de mercure d'environ 28 pouces.

Puisard. s. m. Est, en général, un trou par où les eaux s'écoulent.

Il y a aussi des puisards d'aqueduc: c'est un trou pratiqué dans un endroit d'aqueduc pour vider l'eau d'un canal, lorsqu'il y a des réparations à faire.

PUITS. s. m. Est un trou profond, fouillé d'aplomb dans la terre, jusqu'au dessous de la surface de l'eau; on a soin de revêtir le pourtour de ce trou en maçonnerie.

Puits forés. C'est un puits où l'eau monte d'elle-même, jusqu'à une certaine hauteur, de sorte qu'on a seulement la peine de puiser l'eau dans un bassin où elle se rend, sans qu'on soit obligé de la tirer; cela est fort commode, mais on ne peut pas, malheureusement, faire de ces puits quand on veut. Il sera facile d'en juger par leur construction. On creuse d'abord un bassin, dont le fond doit être plus bas que le niveau, auquel l'eau peut monter d'elle-même, afin qu'elle s'y épanche. On perce ensuite avec des tarières un trou de trois pouces de diamètre, dans lequel on met un pilot garni de fer par les deux bouts; on enfonce ce pilot avec le mouton autant qu'il est possible, et on le perce avec une tarière de trois pouces de diamètre, et environ un pied de gouge. C'est par ce canal que doit venir l'eau, si on a enfoncé le pilot dans un bon endroit. De là, on conduit l'eau dans un bassin, avec un tuyau de plomb.

Q

Quadrature. s. f. Manière de carrer ou de réduire une figure en un carré, ou de trouver un carré égal en surface à l'une ou à l'autre de ces figures. Il ne s'agit que de trouver leur aire ou superficie, et de la transformer en un parallélogramme rectangle.

Il est facile ensuite d'avoir un carré égal à ce rectangle, puisqu'il ne faut, pour cela, que trouver une moyenne proportionnelle entre les deux côtés du rectangle.

— *Du cercle*, est la manière de trouver un carré égal à un cercle donné. Il se réduit à déterminer le rapport du diamètre à la circonférence. Archimède, un des premiers géomètres qui s'en soit occupé, a trouvé que ce rapport est comme 7 à 22.

Quarré *ou* carré. s. m. Figure de quatre

côtés égaux, et dont les angles sont aussi égaux.

Pour trouver l'aire d'un carré, il faut multiplier l'un des côtés par lui-même; le produit sera l'aire du carré. Un carré a ses quatre angles droits. Les côtés sont par conséquent perpendiculaires les uns aux autres. La diagonale la divise en deux parties égales; elle est incommensurable avec les côtés.

Le rapport des carrés est en raison doublée de leurs côtés; par exemple, un carré dont le côté est double de l'autre, est quadruple de cet autre carré.

Quart de cercle. s. m. Instrument de bois ou de cuivre. Son rayon est ordinairement de 12 à 15 pouces; sa limbe circulaire est divisée en 90 degrés, et chacun de ces degrés est divisé en autant de parties égales, que l'espace peut le permettre diagonalement ou autrement. Sur un demi-diamètre sont attachées deux pinnules immobiles, et au centre est suspendu un fil avec un plomb. Sur la surface inférieure de l'instrument est un genou, au moyen duquel on peut lui donner toutes les situations dont on a besoin.

On conçoit facilement qu'il faut donner au quart du cercle différentes positions, suivant les différentes situations des objets que l'on observe; ainsi, pour mesurer les hauteurs ou profondeurs, il faut que son plan soit situé perpendiculairement à l'horizon, et pour prendre les distances horizontales, qu'il y soit parallèle.

De plus, on peut prendre de deux manières les hauteurs et les distances, c'est-à dire, par le moyen des pinnules fixes et du plomb, et par le moyen de l'index mobile.

R

Racinaux. s. m. Pièces de bois comme des bouts de solives, ou plus plates ou plus larges qu'épaisses, arrêtées sur des pilotis, sur lesquelles on pose des madriers ou plate-formes, pour porter les fondations dans les lieux de mauvaise consistance.

— *De grue*. Pièces de bois creusées, qui font l'empatement d'une grue, dans lesquelles sont assemblés l'arbre et les arcs-boutans.

Radier. s. m. C'est l'ouverture et l'espace entre les piles et les culées du pont, qu'on nomme autrement *bas radier*. C'est aussi un parc de pilotis et de pal-planches, rempli de maçonnerie, pour élever et rendre solide une plate-forme ou plancher garni de madriers et de planches, pour y établir un moulin, une écluse ou autre machine hydraulique.

Rampe. s. f. C'est la partie ascendante d'un chemin, comme pente est celle qui descend.

Cette différence est relative; ce qui est rampe pour moi, est pente pour celui qui vient à moi. En France, on ne cherche pas assez à éviter les rampes difficiles qui arrêtent les voyageurs, leur font courir de très-grands dangers, et ruinent les chevaux. Pour éviter une dépense momentanée, on se prépare un entretien considérable pour l'avenir, on tourne des montagnes, qu'on pouvait facilement réunir par un ouvrage d'art.

Recéper. v. a. C'est couper avec la coignée, ou avec la scie, la tête d'un pieu ou d'un pilot qui refuse le mouton, et qu'il faut mettre de niveau.

Recoupes. s. f. On appelle ainsi ce qu'on abat des pierres qu'on taille pour les équarrir. Quelquefois on mèle du poussier ou poudre de recoupes, avec de la chaux et du sable, pour faire du mortier de la couleur de la pierre; et le plus gros des recoupes, particulièrement celles qui proviennent des pierres dures, servent à affermir le sol des chemins.

Rectangle *ou* carré long. s. m. Est une figure rectiligne de quatre côtés, dont les côtés opposés sont égaux, et dont tous les angles sont droits.

Pour trouver la surface d'un rectangle, il ne faut que multiplier le grand côté par le petit.

Régaler. v. a. C'est, après qu'on a enlevé les terres massives ou achevé un remblai, mettre à niveau, ou selon une pente réglée, le terrein qu'on veut dresser.

Régulier. adj. Il n'y a dans la nature que cinq corps réguliers, savoir : l'hexaèdre ou le cube, qui est composé de six carrés égaux; le tétraèdre, de quatre triangles égaux; l'octaèdre, de huit; le dodécaèdre, de douze pentagones; et l'icosaèdre de vingt triangles égaux.

Le tétraèdre étant une pyramide, et l'octaèdre une double pyramide; l'icosaèdre étant composé de vingt pyramides triangulaires, et le dodécaèdre, un solide compris sous douze pyramides à cinq angles, dont les bases sont dans la surface de l'icosaèdre et du dodécaèdre, et les sommets au centre, on peut trouver la solidité de ces corps par les règles données au mot *Pyramide.*

On a leur surface, en trouvant celle d'un des plans, au moyen des lignes qui la terminent, et en multipliant l'aire, ainsi trouvée, par le nombre dont le corps reçoit sa dénomination; par exemple, par quatre pour le tétraèdre, par six pour l'héxaèdre, le produit donnera la surface de ces solides.

Reins. s. m. De l'arche d'un pont, c'est la maçonnerie de moëllons qui remplit l'extrados de l'arche, jusqu'à son couronnement, où l'on peut ménager des caves et d'autres petits espaces, pour soulager la pile.

Rejointoyer. v. a. C'est remplir les joints des pierres d'un vieux bâtiment, d'une voûte, lorsqu'ils sont cavés, par succession de tems ou par l'eau, et les ragréer avec le meilleur mortier.

Rélais. s. m. Il se dit des brouetteurs, lorsqu'ils se succèdent les uns aux autres, et se communiquent des brouettes pleines pour en reprendre de vides.

Les relais doivent être établis à 15 toises les uns des autres en plein terrain, et à 10 toises en montant.

Remblai. s. m. C'est, dans les travaux de terrasses, toute partie formée de terres rapportées, soit pour garnir le derrière d'un mur de revêtement, soit pour applanir un terrain et lui donner une pente uniforme, soit pour former une levée.

Remplage. s. m. Se dit du milieu et de tout le gros du massif d'une maçonnerie, d'une fondation, du corps d'une pile, etc.

Repère. s. m. Marque certaine, en un endroit fixe et déterminé, par laquelle on peut connaître les différentes hauteurs des fondations qu'on est obligé de couvrir. L'Ingénieur ou celui qui les fait faire; en doit rapporter le profil et les ressauts et retraites, s'il y en a, y laisser même les sondes pour les justifier, s'il le faut, lors d'une vérification.

Retombée. s. f. C'est chaque assise de pierres en voussoir qu'on érige sur la première, qu'on appelle coussinet, et qui par leur pose, peuvent subsister sans cintre.

Revêtement. s. m. Appui de maçonnerie qu'on donne à des terres pour les empêcher de s'ébouler.

Il n'est pas possible de rien déterminer de positif sur la résistance à opposer à la poussée des terres; car les qualités des terres variant à l'infini, leur poussée varie de même. Ainsi, telle dimension d'un mur de revêtement qui serait bonne pour soutenir la poussée d'un massif de terre glaiseuse, ne vaudrait rien pour une terre sablonneuse.

D'après l'expérience, on a fait des tables, mais qui sont imparfaites; c'est à l'Ingénieur à en faire l'application qu'il croira convenable, d'après ses connaissances locales.

Roue. s. f. C'est une machine simple, consistant en une pièce ronde, de bois ou d'autre matière, qui tourne autour d'un essieu ou axe.

La roue est une des principales puissances employées dans la mécanique; elle est simple ou dentée.

La roue simple est celle dont la circonférence est uniforme, et qui n'est point combinée avec d'autres roues.

Les roues dentées sont celles dont les circonférences ou les essieux sont partagés en dents, afin qu'ils puissent agir les uns sur les autres, et se combiner.

Rouet. s. m. Assemblage de plusieurs pièces de bois de charpente, à queue d'aronde, et circulaire en dedans, qu'on pose sur le bas-fonds pour recevoir le mur circulaire de maçonnerie d'un puits.

S

Sable. s. m. On donne, en général, ce nom à des corps secs, durs au toucher, graveleux, impénétrables à l'eau, et dont les parties ou masses ont peu d'adhérence entre elles.

Le sable le plus grossier se nomme gravier, et est d'un excellent usage pour les routes.

Le sable le meilleur pour la maçonnerie, est celui de mer ou de rivière.

Sabot *ou* lardoire. s. m. Armature de fer dont on se sert pour la pointe d'un pilot.

Sas. s. m. Bassin de maçonnerie fermé par deux écluses et placé sur le canal, pour se rendre maître de la dépense des eaux, et de la hauteur dont on voudra les élever, afin que les bateaux que l'on y fera entrer puissent passer de la partie d'amont dans celle d'aval, et réciproquement de celle-ci dans la première, par le jeu alternatif des écluses.

La première chose à considérer avant que d'arrêter le dessin d'un sas, c'est de voir la capacité qu'on devra lui donner par rapport au nombre de bateaux qu'on voudra y faire passer à la fois; ce qui dépendra de l'abondance des eaux dont on pourra disposer. Un sas propre à recevoir deux bateaux, dépensera le double de celui qui n'en contiendra qu'un : ainsi, quand on sera dans le cas d'économiser les eaux, il faut régler la capacité de chaque sas sur celle d'un des plus forts bateaux qui pourront naviguer sur la rivière ou le canal.

Sécante. s. f. D'un arc, ou de l'angle que cet arc mesure, est le rayon qui, passant à l'une des extrémités de l'arc, va, étant prolongé, rencontrer la tangente.

Segment. s. m. D'un cercle; c'est la partie du cercle comprise entre un arc et sa corde, ou bien c'est une partie d'un cercle comprise entre une ligne droite, plus petite que le diamètre, et une partie de la circonférence.

— *D'une sphère*, est une partie d'une sphère terminée par une portion de la surface, et un plan qui la coupe par un endroit quelconque hors du cercle.

Il est évident que la base d'un segment de sphère est toujours un cercle, dont le centre est dans l'axe de la sphère.

Pour trouver la solidité d'un segment de sphère, retranchez la hauteur du segment du rayon de la sphère, et par cette différence, multipliez l'aire de la base du segment; ôtez ce produit de celui qui viendra, en multipliant le demi-arc de la sphère par la surface convexe du segment, divisez alors le reste par trois, et le quotient sera la solidité cherchée.

Semelle d'étaie. s. f. Pièce de bois couchée à plat sous le pied d'un étaie d'un chevalement, pour servir à assurer le pied d'un échafaudage.

Seuil. s. m. Est la pierre ou la pièce de bois qu'on met au bas de la baie d'une porte, entre les tableaux, sans excéder le nu du mur, et qui, quelquefois, a une feuillure pour servir de battement à la porte.

— *D'écluse*, est une pièce de bois posée au fond de l'eau, en travers d'une écluse ou d'un pertuis, entre les bajoyers, pour appuyer par le bas les portes ou les aiguilles.

Singe. s. m. Machine composée d'un treuil, qui tourne par des manivelles autour de deux solives en forme de croix de saint-André, et qui sert à enlever de gros fardeaux.

Sinus. s. m. *D'un arc*, est une ligne tirée de l'extrémité de cet arc perpendiculairement sur le rayon ou le diamètre qui passe par l'autre extrémité du même arc. Cette ligne est aussi le sinus de l'angle mesuré par l'arc.

Solide. s. m. Est tout corps qui a trois

dimensions, longueur, largeur et profondeur. C'est, dans la maçonnerie, un massif qui est plein.

Comme tous les corps ont trois dimensions; *solide* et *corps* sont comme synonymes.

Un solide est terminé par plusieurs plans ou surfaces.

Les solides réguliers sont ceux qui sont terminés par des surfaces régulières et égales : tels sont le tétraèdre, l'exaèdre ou cube, l'octaèdre, le dodécaèdre et l'isocaèdre.

Les solides irréguliers sont ceux dont les surfaces sont irrégulières et inégales : tels sont le cylindre, le cône, le prisme, la pyramide, le parallèlipipède, etc.

On appelle *cubature* d'un solide *la mesure de l'espace qui est renfermée par ce solide.*

Tout cube et tout parellèlipipède se mesure en multipliant la superficie de sa base par sa hauteur. Si le parallèlipipède, dont on veut avoir la cubature, est oblique, il faudra multiplier sa base par sa hauteur à-plomb; car la hauteur d'une figure est toujours la perpendiculaire tirée de son sommet à sa base prolongée si cela est nécessaire.

Lorsque le parallélipipède est creux, il faut soustraire le vide de sa cubature. Voyez aux mots qui les concernent, la solidité des pyramides, des tétraèdres, des exaèdres, etc.

Sommier. s. m. C'est la première pièce d'une plate-bande, laquelle porte à plein au sommet du pied-droit, où elle forme le premier lit en joint, et l'appui de la butée de clavaux, pour les tenir suspendus sur le vide de la baie, d'où ils ne peuvent s'échapper qu'en écartant les sommiers ou coussinets. La coupe ou inclinaison de leur lit en joint sur l'horizon est ordinairement de 60 degrés, parce qu'on a coutume de la tirer du sommet d'un triangle équilatéral.

Sphère. s. f. Est un corps solide contenu sous une seule surface, et qui a dans le milieu un point que l'on appelle *centre*, d'où toutes les lignes tirées à la surface sont égales.

Une sphère est égale à une pyramide dont la base est égale à la surface de la sphère, et la hauteur au rayon de la sphère.

Une sphère est à un cylindre circonscrit autour d'elle, comme 2 est à 3.

Le cube du diamètre d'une sphère est quadruple de l'aire d'un cercle décrit avec le rayon de la sphère.

Le diamètre d'une sphère étant donné, trouver sa surface et sa solidité; il faut : 1.° trouver la circonférence du cercle décrit, par le rayon de la sphère; multiplier ensuite cette circonférence par le diamètre, le produit sera la surface de la sphère; en multipliant la surface par la sixième partie du diamètre, le produit sera la solidité de la sphère.

Surbaissé. adj. Se dit de tout arc, arche ou voûte, qui a moins de hauteur que la moitié de sa largeur.

T

Tablette. s. f. C'est l'amortissement en pierres de taille d'un garde-fou de pont, disposé de plat et non arrondi, ni à deux pentes au-dessus, qu'on nommerait pour lors *bahu*.

Tailleur de pierre. s. m. Est celui qui taille, qui façonne les pierres, après qu'elles ont été tracées par l'appareilleur, suivant les mesures et proportions de la place à laquelle elles sont destinées.

Tangente. s. f. C'est une ligne droite qui touche un cercle de manière qu'étant prolongée de part et d'autre, elle ne le coupera jamais. La tangente de l'arc, ou de l'angle que cet arc mesure, est la ligne droite élevée perpendiculairement au bout du diamètre, lequel passe à l'une des extrémités de cet arc, et prolongée jusqu'à ce qu'elle rencontre le rayon du centre, qui, passant par l'autre extrémité du même arc, est aussi prolongé.

Témoin. s. m. C'est, dans les déblais des terres, les parties du terrain qu'on laisse à dessein, de distance en distance, pour connaître quelles étaient ses différentes hauteurs, lorsqu'on en veut faire le toisé.

Terre franche. s. f. Est celle qui est grasse, sans gravier, et dont on fait, dans quelques endroits, du mortier et de la bauge.

— *Massive*, est celle qui est solide, sans vide, et qu'on réduit au mètre cube, pour estimer le travail et le prix de la fouille.

— *Naturelle*, est celle qui n'a point encore été éventée ni fouillée.

— *Rapportée*, est celle qui a été transportée d'un lieu à un autre.

— *Jectice*, est celle qui a été fouillée et remuée.

Il est essentiel d'avoir égard à la ténacité plus ou moins grande de ces terres, pour fixer le prix de la fouille.

Testu. s. m. Outil de maçon qui sert à démolir; c'est un gros marteau dont la tête est carrée, et l'autre extrémité pointue.

Théorie des fleuves. s. f. De toutes les connaissances nécessaires à un Ingénieur, il n'en est peut être pas de plus importante que la théorie du cours des eaux. C'est en étudiant leurs cours dans le lit des torrens et des fleuves, qu'on apprend à les dompter et à les retenir dans de justes bornes, pour le plus grand avantage de l'agriculture.

Tout ce qui a été écrit jusqu'à ce jour sur cette matière, ne donne rien de positif. Comment déterminer, par des raisonnemens, des effets qui varient à l'infini ? Comment calculer, par des formules algébriques, ce qui ne peut être assujetti à aucun calcul... ? le volume des eaux, leur rapidité, la nature des terrains, de leur cours, qui change, pour ainsi-dire, à chaque instant, empêcheront toujours que la théorie des fleuves ne devienne une science positive. Il ne peut donc être donné que des idées générales, fruits de l'étude d'hommes instruits, qui ont passé une grande partie de leur vie à observer le cours des eaux, pour les assujettir à nos lois, à nos besoins, même à nos caprices.

Je vais présenter un aperçu général du fruit de leurs observations.

Presque toutes les eaux qui forment les fleuves et les rivières, viennent des montagnes, et par conséquent acquièrent d'abord une vîtesse accélérée à raison des diverses hauteurs d'où elles se précipitent; mais une fois parvenues dans la plaine, leur cours est plus réglé, et leur vîtesse dépend alors de la résistance que présente le fond, et des sinuosités des bords, qui sont autant de causes propres à détruire la plus grande partie de la vîtesse acquise, causes qu'un Ingénieur ne peut trop étudier ; il doit aussi connaître approximativement la quantité d'eau qui alimente un fleuve, quantité qui est presque toujours en proportion avec la superficie du terrain que ce fleuve parcourt.

C'est une très-grande erreur de croire que les fleuves n'ont de vîtesse qu'à cause de la pente de leur lit, puisque l'énergie de l'eau suffit pour lui donner cette vîtesse ; pouvu que, vers son origine, la surface de l'eau soit régulièrement plus élevée que celle du lieu où elle terminera son cours ; alors, plus le volume qui doit couler sur le même lit horizontal sera considérable, et plus sa vîtesse sera grande.

L'expérience nous apprend que les fleuves creusent et élargissent leur lit à proportion de la force que l'eau a pour les corroder ; c'est-à-dire que si son action est supérieure à la résistance du terrain, elle en détachera ses parties qu'elle entraînera avec d'autant plus de violence, qu'elle aura plus de hauteur ; que si au contraire la tenacité se trouve supérieure à la force de l'eau, elle coulera simplement sur son lit, sans y faire de progrès marqués. On peut donc conclure que, lorsque les fleuves se sont formés, ils ont creusé leur lit en profondeur et largeur, aussi long-tems qu'ils ont trouvé un fond sur lequel leur force a pu s'exercer; mais que la tenacité devenue plus grande, tandis que la hauteur de l'eau a diminué en s'étendant en largeur, il est survenu une sorte d'équilibre entre les forces agissantes et les résistantes, qui a déterminé la largeur et la profondeur de leur lit, en suivant les seules lois de la nature.

En général, dans tous les courans possibles, on doit distinguer leur force, et la résistance qui la contrarie. La force du courant est le produit de la masse par sa vîtesse réduite, et cette vîtesse est toujours plus ou moins grande suivant la pente. Cette même force exerce son action sur le fond et sur les bords, soit tout à la fois, soit séparément. La résistance du fond peut résulter : 1.° de la grosseur et de la pesanteur spécifique des matériaux qui le composent; 2.° de la petitesse de la pente, qui, suivant les circonstances, peut s'anéantir et même se changer en contre-pente; 3.° du degré de tenacité des matières qui composent ce fond. Celle des bords dépend: 1.° de leur direction relativement à celle du courant; 2.° de la grosseur et du poids des matériaux qui les composent; 3.° enfin du degré de tenacité et d'adhésion à ces mêmes matériaux. Si la force du courant est inférieure ou égale à la résistance, tout rentrera dans le même état; mais si elle est plus grande, il y aura du changement dans le fond et dans les bords, le plus fort devant l'emporter sur le plus faible, par la destruction de l'équilibre, et, dans ce cas, le courant ne cessera d'agir que lorsque sa force sera devenue moindre par la résistance.

Outre ce principe fondamental, il y en a encore trois, qui, ainsi que le précédent, servent de base à la théorie des fleuves.

1.° Un courant quelconque tend toujours à suivre la ligne droite, selon la direction de son mouvement.

2.° Un courant tend toujours à s'établir

à l'endroit le plus bas, ou dans celui où il y a le plus de pente.

3.° Si un courant trouve divers obstacles sur son passage, il établira son cours où il trouvera le moins de résistance.

Il faut remarquer que, dans un fleuve uniformément dirigé, dont le fond est homogène, mais susceptible d'être entamé, l'eau doit creuser davantage dans le milieu que du côté des rives, surtout si ce fleuve n'a que peu de largeur. Le frottement contre les mêmes rives retarde la vitesse de l'eau qui les touche immédiatement, et celle-ci, les autres parties contiguës, ainsi de suite, toujours en diminuant insensiblement jusque vers le milieu de la rivière, où est ordinairement ce qu'on appelle le *fil de l'eau*, qui se distingue du reste par un cours plus rapide : on voit que cela ne peut arriver sans que cette même rapidité ne produise sur le fond, un effet plus marqué dans son milieu que sur les côtés.

Je ne rapporte point ici toutes les causes qui peuvent changer successivement le lit des fleuves, parce que ces causes varient à l'infini. Il suffit que l'Ingénieur chargé de la surveillance des travaux relatifs à la navigation d'un fleuve, réfléchisse bien sur ces travaux avant de les ordonner. Il ne peut trop étudier les plus petites causes des variations qui arrivent au cours des eaux, parce que les plus petites causes déterminent souvent de grands effets.

Toise. s. f. Mesure dont on se sert en France, pour le mesurage des travaux; on y a substitué le mètre.

Toisé. s. m. Cest l'art de calculer leurs dimensions et leurs solidités : par exemple, pour mesurer ce que contient d'eau un bassin, une pièce d'eau, un réservoir,

Il faut d'abord considérer quelles sont les figures de leur superficie; si elles sont rectangulaires, on multipliera la longueur par la largeur, etc.; et si elles sont circulaires, on la mesurera suivant le rapport de 14 à 11, en carrant son diamètre, et par une règle de trois, on trouvera la superficie; l'on multipliera ensuite sa superficie par sa hauteur, ce qui donnera le cube total de votre réservoir.

Pour savoir combien de muids d'eau contient un réservoir, on dira : si une toise cube donne 27 muids d'eau, ce que l'expérience a fait connaître, combien donnera le cube total du réservoir? il ne s'agira que de mesurer ce cube total par 27.

Le toisé des terres qu'on transporte d'un lieu à un autre, ou pour mieux dire, de l'espace que ces terres occupaient avant d'être transportées, se fait en multipliant la base de l'atelier par une hauteur moyenne à toutes les différentes hauteurs; le produit sera la solidité.

Je suppose que cette base soit de 352 toises 3 pieds, j'ajoute en une seule quantité toutes les hauteurs particulières que j'ai eu soin de marquer sur le profil des terres recoupées, de même que les hauteurs de toutes les petites pyramides qui sont laissées de distance en distance dans l'atelier, et on divise le produit de toute leur addition, que je suppose être de 47 pieds 8 pouces, par la quantité des hauteurs prises au profil et aux témoins, c'est-à-dire par 13; le quotient, 3 pieds 8 pouces, sera la hauteur commune de tout l'atelier, avec laquelle, multipliant les 352 toises 3 pieds, superficie de la base, on aura un produit de 215 toises 2 pieds 6 pouces pour la masse des terres enlevées.

Comme les espaces dont on enlève les terres sont rarement unis par dessus, et qu'au contraire il y a souvent des inégalités, cela fait que, plus on prend de hauteurs particulières, et plus la pratique est juste.

Pour le toisé des voûtes, on n'a pas besoin de distinguer les voûtes à plein cintre de celles qui sont surbaissées.

Les voûtes à plein cintre ont pour arc un demi-cercle, c'est-à-dire que la flèche est égale à la moitié de la corde, et les voûtes surbaissées sont celles dont la flèche est moins longue que la moitié de la corde; mais pour toiser l'une ou l'autre, on multiplie la valeur de son arc par la longueur de la voûte, c'est-à-dire, par la distance qu'il y a depuis l'entrée jusqu'au fond, prise de milieu en milieu, au produit de quoi on ajoute le tiers de la multiplication pour les reins de la voûte, ce qui suppose que la voûte se mesure à la toise carrée.

Lorsqu'on la veut mesurer à la toise cube, on la toise comme pleine, duquel produit on ôte le vide. (*Voyez* page 349.)

Tourillon. s. m. C'est une grosse cheville de fer qui sert d'essieu à toute chose qui tourne.

Transport. s. m. Déplacement de matériaux d'un lieu à un autre.

C'est un objet important de fixer, dans les devis, le prix du transport des matériaux, pour que le Gouvernement ne soit pas trompé, et que les Entrepreneurs ne soient par lésés.

Il faut, pour fixer le prix des transports, avoir égard à trois choses : aux prix locaux des denrées, qui déterminent le prix de la main d'œuvre, aux longueurs des distances, et aux pentes ou rampes qui se trouvent dans la distance à parcourir. Il faut bien encore avoir égard au poids des matériaux dont on fait le transport.

Trapèze. s. m. C'est une figure plane, terminée par quatre lignes droites inégales.

Trapézoïde. s. m. Est une figure irrégulière, ayant quatre côtés qui ne sont pas parallèles entre eux. Le trapézoïde diffère du trapèze, en ce que ce dernier peut avoir deux côtés parallèles, au lieu que le trapézoïde n'en a point.

Travée de pont. s. f. C'est une partie du plancher d'un pont de bois, contenue entre deux files de pieux, et faite de poutrelles, soulagée quelquefois par des liens et contre-fiches ; dont les entravaux sont recouverts de grosses dosses ou madriers pour porter le couchis.

Travons-sommiers. s. m. Ce sont, dans un pont de bois, les maîtresses pièces qui en traversent la largeur, autant pour porter les travées des poutrelles, que pour servir de chapeau aux files de pieux qui forment la palée.

Treuil. s. m. Tour, vindas, c'est la machine dont on se sert communément pour tirer l'eau des puits ; elle sert aussi à tirer les pierres des carrières.

Triangle. s. m. C'est une figure comprise entre trois lignes ou côtés, et qui par conséquent a trois angles.

La ligne perpendiculaire qu'on mène de la pointe d'un angle sur la base, se nomme *la hauteur d'un triangle* ; si cette perpendiculaire touche en dehors du triangle, il faut polonger la base du côté où tombe cette perpendiculaire.

Le triangle, considéré par rapport à ses côtés, est équilatéral, si ses trois côtés sont égaux; isocèle, s'il n'a que deux côtés égaux, et scalène, si les trois côtés sont inégaux : considéré par rapport à ses angles, il est rectangle, s'il a un angle droit; obtus-angle, s'il a un angle obtus, et acutangle, si ses trois angles sont aigus.

Pour mesurer un triangle, c'est-à-dire pour avoir sa superficie, il faut multiplier sa base par sa hauteur; la moitié du produit est sa superficie.

Si la superficie d'un triangle est divisée par la moitié de sa base, le quotient est sa hauteur. Les angles d'un triangle, quels qu'ils soient, valent deux angles droits, c'est-à-dire 80 degrés.

Trigonométrie. s. f. C'est une partie de la géométrie qui enseigne à connaître les côtés et les angles d'un triangle, dont on connaît déjà deux angles et un côté, ou deux côtés et un angle, ou enfin les trois côtés.

Comme il y a des triangles sphériques

et des triangles rectilignes, on divise la trigonométrie en deux parties, dont l'une traite des triangles sphériques; on l'appelle *trigonométrie sphérique* : l'autre considère les triangles rectilignes, on l'appelle *trigonométrie rectiligne.*

La trigonométrie est de la plus grande nécessité dans la pratique; c'est par son secours qu'on parvient à exécuter la plupart des opérations de la géométrie pratique, elle est fondée sur la proportion mutuelle qui est entre les côtés et les angles d'un triangle : cette proportion se détermine par le rapport qui règne entre le rayon d'un cercle, et certaines lignes que l'on appelle *cordes, sinus, tangentes* et *sécantes.*

Le principe fondamental de cette trigonométrie consiste en ce que les sinus des angles sont entre eux dans le même rapport que les côtés opposés.

V

Vis. s. f. Est une des cinq puissances mécaniques dont on se sert principalement pour élever ou pour presser.

On donne particulièrement ce nom à un cordon ou arête, entortillé de haut en bas autour d'un cylindre, de manière qu'il y a partout une distance égale entre chaque pas de la vis : on lui donne le nom de *vis extérieure* ; mais si la cannelure est creusée de la même manière, en rond, dans une concavité ; on l'appelle alors *matrice* ou *écrou* : ce cordon a une base plate qui tient au cylindre, il finit en dehors en pointe, et est aussi quelquefois partout de la même épaisseur : on donne au premier le nom de *vis triangulaire*, et au dernier celui de *vis carrée.*

Pour se servir de cette machine, on doit avoir toujours deux vis qui tournent l'une dans l'autre, la vis extérieure dans l'écrou; et il faut alors que l'une des deux reste ferme, tandis que l'autre tourne autour d'elle ; il importe peu que ce soit l'une ou l'autre qui soit ferme.

On emploie la vis pour lever des corps pesans, pour en presser d'autres, et aussi pour les mettre en mouvement.

Les vis triangulaires sont ordinairement faites de bois, mais les carrées ne servent que pour le métal : ces dernières sont plus fortes, moins sujettes au frottement, et comme elles s'engagent l'une dans l'autre plus aisément, elles s'usent moins, et par conséquent durent plus long-tems.

Si une puissance tourne une vis autour d'une autre avec une direction parallèle à la base du cylindre, cette puissance devra être alors au poids qui est posé sur la vis, et qui doit être mu, comme la distance, entre deux cannelures, situées l'une près de l'autre, est à la circonférence du cercle de la base.

Vis d'Archimède, est le tube ou canal creux qui tourne autour d'un cylindre, de même que le cordon spiral dans la vis ordinaire.

Le cylindre est incliné à l'horizon, sous un angle d'environ 45 degrés : l'orifice du canal est plongé dans l'eau; si, par le moyen d'une manivelle, on fait tourner la vis, l'eau s'élève dans le tube spiral, et se déchargera dans le bassin.

L'invention de cette machine est si simple et si heureuse, que l'eau monte dans le tube spiral par sa seule pesanteur : en effet, lorsque l'on tourne le cylindre, l'eau descend le long du tuyau, parce qu'elle s'y trouve comme sur un plan incliné.

Cette machine est très-propre à élever une grande quantité d'eau avec une très-petite force.

Voussoir. s. m. C'est une pierre propre à former le cintre d'une voûte, taillée en espèce de coin tronqué, dont les côtés, s'ils étaient prolongés, aboutiraient à un centre, où tendent toutes les pierres de voûte.

NOTIONS

SUR LE TOISÉ.

Nous allons expliquer, d'après les meilleurs auteurs, les règles les plus commodes dans les différentes espèces de toisés, avec la manière de pratiquer les mêmes opérations par le moyen des parties décimales, dont on donne ici les tables pour les mesures que l'on emploie le plus généralement.

On distingue autant d'espèces de toises qu'il y a de diverses grandeurs continues qui peuvent se mesurer à la toise; et parce que la géométrie ne connaît que les lignes, les surfaces et les solides, il y a aussi trois espèces de toises; la *toise linéaire* ou *courante*, la *toise quarrée*, et la *toise cube*.

On sait que la toise linéaire se partage en six pieds, le pied en douze pouces, le pouce en douze lignes, la ligne en douze points ou primes, et ainsi de suite; la toise quarrée étant en effet un quarré d'une toise de long sur une toise de large, contient en superficie 36 pieds quarrés, produit de 6 par 6; le pied quarré contient 144 pouces quarrés, et le pouce 144 lignes quarrées.

De même la toise cube étant un solide qui a une toise de long sur une toise de large et une toise de haut, contient 216 pieds cubes; ou $6 \times 6 \times 6$ cube de six, nombre des pieds contenus dans chacune de ses dimensions. Le pied cube contient 1728 pouces cubes, ou $12 \times 12 \times 12$; de même le pouce cube contient 1728 lignes cubes, et la ligne cube 1728 points cubes ou primes cubiques.

Les Ingénieurs et tous ceux qui ont des ouvrages à toiser, ont reconnu que ces subdivisions des toises quarrées et cubiques devenaient très-incommodes dans la pratique, et se sont déterminés à ramener les subdivisions de l'une et de l'autre unité à la même loi que celle de la toise linéaire : pour cela ils ont divisé la toise quarrée en six rectangles d'une toise de long sur un pied de large, valant chacun six pieds quarrés, et ils ont nommé ce rectangle *un pied de toise quarrée*. De même ils ont partagé ce rectangle en 12 petits rectangles d'une toise de long sur un pouce de haut, qu'ils ont nommé *pouce de toise quarrée*, et celui-ci en douze rectangles d'une toise de long sur une ligne de haut, qu'ils ont nommé *ligne de toise quarrée*.

De même, dans le toisé des solides, ils ont divisé la toise cube en six solides d'une toise quarrée de base sur un pied de haut, valant 36 pieds cubes. Ils ont pareillement partagé celui-ci en douze petits solides d'une toise quarrée de base sur un pouce de haut, et celui-ci en douze autres de même base sur une ligne de haut, et ainsi de suite. On se sert assez aisément des dimensions de ces subdivisions, de la toise quarrée et de la toise cube, pour les représenter ; ce qui donne les deux tables suivantes.

TABLE pour la toise quarrée et ses subdivisions.

$1^{tt.}$	=	$6^{t.pi.}$	=	36 pieds quarrés.
$1^{t.pi.}$	=	$12^{t.po.}$	=	6 pieds quarrés.
$1^{tt.po.}$	=	$12^{t.li.}$	=	$\frac{1}{2}$ pied quar. ou 72 po. quar.
$1^{t.li.}$	=	$12^{t.\prime}$	=	6 pouces quarrés.
$1^{t.\prime}$	=	$12^{t.\prime\prime}$	=	$\frac{1}{2}$ pouc. quar. ou 72 li. quar.
$1^{t.\prime\prime}$	=	$12^{t.\prime\prime\prime}$	=	6 lignes quarrées.

et ainsi des autres.

TABLE pour la toise cube et ses subdivisions.

$1^{ttt.}$	=	$6^{tt.pi.}$	=	216 pieds cubes.
$1^{tt.pi.}$	=	$12^{tt.po.}$	=	36 pieds cubes.
$1^{tt.po.}$	=	$12^{tt.li.}$	=	3 pieds cubes.
$1^{tt.li.}$	=	$12^{tt.\prime}$	=	$\frac{1}{4}$ pied cub. ou 432 pou. cub.
$1^{tt.\prime}$	=	$12^{tt.\prime\prime}$	=	36 pouces cubes.
$1^{tt.\prime\prime}$	=	$12^{tt.\prime\prime\prime}$	=	3 pouces cubes.
$1^{tt.\prime\prime\prime}$	=	$32^{tt.\prime\prime\prime\prime}$	=	$\frac{1}{4}$ po. cub. ou 432 li. cub.

et ainsi de suite.

Cela posé, il est facile de donner la règle

dont il s'agit pour la mesure des surfaces et des solides, à la toise quarrée et à la toise cube, suivant les subdivisions établies dans les tables précédentes.

Règle générale contenant une méthode abrégée pour tout espèce de toisé, soit à toise carrée, soit à toise cubique.

1.º *Pour les toisés superficiels.*

Ayant écrit les dimensions de la surface à mesurer l'une au-dessous de l'autre; la première comme multiplicande, et la seconde comme multiplicateur; dans chacune doublez les subdivisions au-dessous de la toise, en retenant dans chaque produit autant d'unités qu'on y trouve de fois douze, pour les joindre avec les unités supérieures; ensuite vous ferez autant de produits particuliers que vous aurez de termes dans votre nouveau multiplicateur, en commençant la multiplication par les dernières unités du multiplicande, et plaçant ces produits de manière qu'ils se débordent toujours d'un rang vers la droite; enfin ayant fait la somme de tous ces produits particuliers, prenez la moitié de tout ce qui se trouve au-dessous du rang des toises quarrées, et vous aurez la surface demandée.

2.° *Pour les toisés des solides.*

Ayant d'abord cherché par la règle précédente le produit de deux dimensions du solide à mesurer, opérez sur ce produit et sur la troisième dimension, suivant qu'on vient de l'expliquer, comme s'il était question d'une surface à mesurer; et vous aurez le solide exprimé en toises cubes, pieds de toises cubes, pouces, lignes et primes de toise cube. Tout ceci va s'éclaircir par des exemples.

1.er *Exemple.* Soit une étendue de 8 toises 5 pieds 7 pouces 9 lignes de long, sur 5 toises 3 pieds 8 pouces 11 lignes de large, dont il s'agit de trouver la surface. Ayant doublé les fractions du multiplicande et du multiplicateur, suivant la règle générale, on aura pour nouveau multiplicande et pour nouveau multiplicateur les deux nombres que l'on voit ici : 8 t. 11 pi. 3 po. 6 li., et 5 t. 7 pi. 5 po. 10 li., avec lesquels on achevera l'opération comme il est marqué ci-après.

8	11	3	6			
5	7	5	10			
44	8	5	6			
5	2	7	0	6		
	3	8	8	5	6	
		7	5	4	11	0
50	3	4	8	4	5	0
$50^{tt.}$	$1^{t.pi.}$	$8^{t.po.}$	$4^{t.li.}$	$2^{t'}$	$2^{t''}$	$6^{t'''}$

Ayant disposé le multiplicateur sous le multiplicande, je commencerai la multiplication pour le chiffre 5 qui est au rang des toises du multiplicateur par lequel je multiplierai les dernières unités 6 du multiplicande, et je dirai 5 fois 6 font 30, pour lesquels je poserai 6, au-dessous, et retiendrai 2 pour 24; passant au chiffre suivant, du même multiplicande, je dirai : 5 fois 3 font 15, et 2 de retenus font 17, pour lesquels je pose 5 et retiens 1 ; et continuant ainsi vers la droite, j'ai pour premier produit 44... 8... 5... 6; de la on passera au chiffre 7 du multiplicateur, et l'on mettra le premier produit en avant d'un rang, après en avoir ôté les 12 qu'il peut contenir.

On opérera de même avec les autres chiffres du multiplicateur sur toutes les parties du multiplicande, en reculant toujours le premier chiffre d'un rang vers la droite, et ayant soin de retenir partout autant d'unités, pour les joindre aux produits supérieurs que l'on trouve de fois 12 dans le produit qu'on vient d'avoir; ajoutant tous ces produits, on trouvera pour somme 50... 3... 4... 8... 4... 5 etc.; et prenant la moitié des subdivisions inférieures à l'unité principale, c'est-à-dire de tous les nombres au-dessous de $50^{\text{tt.}}$; on aura pour la surface demandée $50^{\text{tt.}}$ $1^{\text{t. pi.}}$ $8^{\text{t. po.}}$ $4^{\text{t. li.}}$ $2^{\text{t.}'}$ $2^{\text{t.}''}$ $6^{\text{t.}'''}$, qu'il sera facile de réduire, si on le juge à propos, en pieds, pouces et lignes quarrés; en multipliant continuellement par $6\frac{1}{2}$, $6\frac{1}{2}$ etc., à commencer immédiatement au-dessous du nombre de toises pieds; ce qui donnera $50^{\text{tt.}}$ $10^{\text{ppi.}}$ $25^{\text{ppo.}}$ $15^{\text{lli.}}$

Pour se convaincre de l'exactitude de cette méthode, joignons ici le même produit par les règles ordinaires du toisé, en se servant des parties aliquotes.

	8t.	5p.	7po.	9li.			
	5t.	3p.	8po.	11li.			
	44	4	2	9			
Pour 3 pieds	4	2	9	10	6		
Pour 6 pouc. 1/2 du prod. de 3 p ..		4	5	7	9		
Pour 2 po. 1/3 du prod. de 6 p. ...		1	5	10	7		
Pour 6 li. 1/2 de 6 pouces.....		0	4	5	7	9	
Pour 3 lig. 1/2 du prod. de 6 lig....			2	2	9	10	6
Pour 2 lig. 1/3 du prod. de 6 lig....			1	5	10	7	0
Somme....	50		8	4	2	2	6

2.me *Exemple.* Soit le nombre 9 t. 5 pi. 4 po. 8 lignes, à multiplier par 5 t. 3 pi. 8 po. 9 li. ayant doublé les fractions de la toise au multiplicande et au multiplicateur, on les disposera comme on le voit ci-dessous, et l'opération se fera précisément comme la précédente.

9 t.	10 pi.	9 po.	4 li.		
5	7	5	6		
49	5	10	8		
5	9	3	5	4	
	4	1	5	10	8
		4	11	4	8
55	7	8	6	7	4
55	3 t.pi.	10 t.po.	3 t.li.	3 t′	8 t.″
	6	$\frac{1}{2}$	6	$\frac{1}{2}$	6
55 tt.	23 ppi.		19 ppo.	120 lli.	

On eut trouvé précisément le même produit par les méthodes ordinaires, en se servant des parties aliquotes.

Quant à la démonstration de cette pratique, elle sera facile à saisir, à l'aide des réflexions suivantes.

1.° La loi des subdivisions de la toise, à l'égard de cette même toise, prise pour unité principale, est exprimée par cette suite de fractions pour chaque pied, pouce, ligne, point ou prime, etc., respectivement, $\frac{1}{6}$, $\frac{1}{6 \times 12}$, $\frac{1}{6 \times 12^2}$, $\frac{1}{6 \times 12^3}$, $\frac{1}{6 \times 12^4}$, etc.

2.° On peut donner à cette même loi une autre forme, sans en changer la valeur, en multipliant les deux termes de chaque fraction par 2; et alors les pieds, pouces, lignes, etc., seront exprimés respectivement par la suite des fractions, $\frac{2}{12}$, $\frac{2}{12^2}$, $\frac{2}{12^3}$, $\frac{2}{12^4}$, etc. Cela posé, en appliquant les raisonnemens que nous avons à faire pour démontrer la règle employée dans notre dernier exemple, il est clair que ce multiplicande et le multiplicateur peuvent s'écrire chacun de la manière suivante: 9 t. $\frac{10}{12^1}$, $\frac{9}{12^2}$, $\frac{4}{12^3}$, etc. 5 t. $\frac{7}{12^1}$, $\frac{5}{12^2}$, $\frac{6}{12^3}$, dans lesquelles les fractions au-dessous des toises, expriment les rapports des pieds, pouces et lignes du multiplicande et du multiplicateur, avec la toise, unité principale. Or, il est facile de reconnaître que, dans le produit de toutes les parties du multiplicande par une fraction du multiplicateur, chaque fraction résultante du produit acquiert un 12 de plus pour facteur à son dénominateur. C'est pourquoi il faut que tous les produits se débordent d'un rang sur la droite. De plus, parce que douze unités d'un rang quelconque font toujours une unité du rang immédiatement au-dessus, on voit qu'il faudra, dans chaque produit, retenir autant d'unités qu'on aura de fois 12, jusques et compris le rang des demi-pieds, qui est au-dessous des toises au multiplicande et au multiplicateur. Enfin, lorsqu'on a trouvé le produit, les subdivisions de la toise sont exprimées par la loi que nous avons indiquée; ainsi, pour les réduire à la loi ordinaire, il n'y a qu'à diviser tous les termes par 2; et c'est ce que prescrit la dernière partie de la règle.

Si l'on observe que les subdivisions de la toise quarrée, suivent les mêmes lois que celles de la toise courante ou linéaire, on verra que la même règle s'applique au toisé des solides comme à celui des surfaces; et comme nous avons fait voir dans la géométrie la manière de ramener le toisé des bois par pièces de bois ou solives, à celui de la maçonnerie par toises cubes, pieds, pouces et lignes de toise cube; il s'ensuit que l'on pourra aussi appliquer cette méthode avec autant d'avantage au toisé des bois. Un seul exemple sur le toisé cubique suffira pour compléter cette théorie.

Exemple du toisé cubique.

Soit un solide dont la base est de 47 tt.

5 t. pi. 8 t. po. 9 t. li., et la hauteur 9 toises 5 pieds 11 pouces 8 lignes, dont il faut trouver le cube par la méthode que nous venons de donner.

On commencera par doubler les fractions du multiplicande et du multiplicateur ; ce qui donnera les nouveaux facteurs du produit qu'on demande tels qu'on les voit ci-dessous.

47	11	5	6			
9	11	11	4			
431	7	1	6			
43	11	6	0	6		
3	7	11	6	0	6	
	1	3	11	9	10	0
479	3	11	0	4	4	0
479 ttt.	1 tt.pi.	11 tt.po.	6 tt.li.	2 tt.′	2 tt.″	

Si l'on veut réduire ce solide en toises cubes, pieds cubes et lignes cubes, on multipliera les subdivisions au-dessous de la toise par 36, 3, $\frac{1}{4}$, continuellement; les trois premiers produits donneront des pieds cubes. S'il restait une unité, il faudrait prendre pour $\frac{1}{4}$ de pied cube, 432 pouces cubes; et de même pour les autres quarts suivans qui resteraient, on prendrait 432 lignes cubes.

On pourra vérifier cette opération sur les mesures cubiques, en cherchant le produit de la multiplication des dimensions données par la méthode des parties aliquotes, comme on le voit ci-dessous.

	47 tt.	5 t.pi.	8 t.po.	9 t.li.		
	9 t.	5 pi	11 po.	8 li.		
	431	3	6	9		
Prod. de 3 p.ds	23	5	10	4	6	
de 2 p.ds	15	5	10	11	0	
de 6 p.ces	3	5	11	8	9	
de 3 p.ces	1	5	11	10	4	6
de 2 p.ces	1	1	11	10	11	0
de 6 li.es	0	1	11	11	8	9
de 2 li.es	0	0	7	11	10	11
	479 ttt.	1 tt.pi.	11 tt.po.	6 tt.li.	2 tt.′	2 tt.″
		36	3	$\frac{1}{4}$	36	3

Multipliant les fractions de la toise cubique par les nombres qui sont au-dessous, on aura en toises cubes, pieds cubes et pouces cubes, 479 ttt. 70 pppi. 942 pppo.

Cette méthode est très-commode, surtout lorsque le nombre des toises du multiplicateur est exprimé par un seul chiffre; ce qui est le cas le plus ordinaire. Quand les toises du multiplicateur sont exprimées par un nombre composé de plusieurs chiffres, il sera très-avantageux de le décomposer dans ses facteurs, ou exactement ou avec un reste : comme si j'avais 29 toises au multiplicateur, je le regarderais comme $27 \times 2 = 9 \times 3 \times 2$. Ainsi on chercherait d'abord le produit du multiplicande par 9; ensuite on triplerait ce produit, et on y ajouterait celui du même multiplicande par 2.

Comme un des moyens les plus faciles et les plus généraux de simplifier l'arithmétique sur les nombres complexes, est de ramener les subdivisions des mesures en usage, de quelque nature qu'elles soient, au système de la progression décuple, par le moyen des parties décimales, nous joindrons ici les tables de ces différentes réductions pour les mesures principales. Dans celle des parties décimales de la perche de 18 pieds, telle qu'elle est reçue dans presque tout le royaume, on n'a calculé que de 3 pouces en 3 pouces; ce qui est suffisant pour les calculs de cette nature.

TABLE des parties décimales de la perche, en 18 pieds.

Pieds.	POUCES.			
	0	3	6	9
0	000	014	028	042
1	056	069	083	097
2	111	125	139	153
3	167	181	194	208
4	222	236	250	264
5	278	292	306	319
6	333	347	361	375
7	389	403	417	431
8	444	458	472	486
9	500	514	528	542
10	556	569	583	597
11	611	625	639	653
12	667	681	694	708
13	722	736	750	764
14	778	792	806	819
15	833	847	861	875
16	889	903	917	931
17	944	958	972	986

TABLE des parties décimales de la toise.

	PIEDS.	0	1	2	3	4	5
POUCES.	0	000	167	333	500	667	833
	1	014	181	347	514	681	847
	2	028	194	361	528	694	861
	3	042	208	375	542	708	875
	4	056	222	389	556	722	889
	5	069	236	403	569	736	903
	6	083	250	417	583	750	917
	7	097	264	431	597	764	931
	8	111	278	444	611	778	944
	9	125	292	458	625	792	958
	10	139	306	472	639	806	972
	11	153	319	486	653	819	986

Les 12 lignes du pouce en parties décimales de la toise.

Lignes.	Parties.		Lignes	Parties.
1	001		7	008
2	002		8	009
3	003		9	010
4	005		10	012
5	006		11	013
6	007		12	014

TABLE des parties décimales du pied.

POUÇES.	0	1	2	3	4	5	6	7	8	9	10	11
LIGNES. 0	000	083	167	250	333	417	500	583	667	750	833	917
1	007	090	174	257	340	424	507	590	674	757	840	924
2	014	097	181	264	347	431	514	597	681	764	847	931
3	021	104	188	271	354	437	521	604	687	771	854	937
4	028	111	194	278	361	444	528	611	694	778	861	944
5	035	118	201	285	368	451	535	618	701	785	868	951
6	042	125	208	292	375	458	542	625	708	792	875	958
7	049	132	215	299	382	465	549	632	715	799	883	965
8	056	139	222	306	389	472	556	639	722	806	889	972
9	062	146	229	313	396	479	562	646	729	812	896	979
1	069	153	236	319	403	486	569	653	736	819	903	986
11	076	160	243	326	410	493	576	660	743	826	910	993

Usage des tables précédentes.

1.er Exemple. Soient les deux dimensions d'une surface à mesurer; l'une de 39 toises 5 pieds 7 pouces 11 lignes; l'autre de 37 toises 3 pieds 11 pouces 9 lignes.

Les 5 pieds 7 pouces du premier valent en décimales 0,931, auxquels ajoutant 0,013 pour la valeur des 11 lignes, on aura 0,944 pour la valeur de la fraction décimale du multiplicande, on trouvera de même que la fraction décimale du multiplicateur vaut 0,663; ainsi, achevant l'opération comme on le voit ici, on trouvera au produit 1504 toises quarrées avec une fraction $\frac{410872}{1000000}$ de toise que l'on pourra évaluer relativement aux subdivisions de la toise quarrée, et l'on trouvera la surface demandée de 1504 tt. 2 t. pi. 5 t. po. 5 t. li.

```
        39,944
        37,663
    ----------
        119832
       239664
      239664
     279608
    119832
  ------------
   1504,410872
```

2.e Exemple. On demande combien il y a d'arpens dans une pièce de terre qui a 59 perches 17 pieds 9 pouces de long sur 23 perches 13 pieds 6 pouces; la perche étant de 18 pieds, telle qu'elle est aux environs de Paris, et l'arpent de cent perches quarrées valant 900 toises quarrées.

Prenant les parties décimales du multicande et du multiplicateur dans la table des parties décimales de la perche, on trouvera pour les nouveaux facteurs du produit qu'on demande 59,986 et 23,750. Achevant l'opération, comme on le voit ici, on trouvera la surface de 1424 perches quarrées avec une fraction $\frac{6675}{10000}$ ou $\frac{267}{400}$; c'est-à-dire, 14 arpens 24 perches $\frac{267}{400}$ de perche quarrée.

```
     59,986
     23,750
   ---------
   2999,300
  41990,2
 179958
119972
-----------
1424,667500
```

On n'a mis dans cette table les parties

décimales pour les pouces que de trois en trois pouces, ce qui est suffisant dans la pratique. Si cependant on voulait avoir la valeur de 37 perches 11 pieds 11 pouces, je prendrais d'abord la fraction répondante à 11 p. 9 pouces, laquelle est 0,653; je lui ajouterais les $\frac{2}{9}$ de la fraction décimale 0,042, répondante à 9 pouces, ce qui donnerait 0,009; et la fraction demandée en décimale, serait 0,662, avec laquelle on opérerait comme sur les autres.

FIN.

Amoise Victor

Paris

www.ingramcontent.com/pod-product-compliance
Lightning Source LLC
LaVergne TN
LVHW010129230826
846091LV00001BA/192

* 9 7 8 2 0 1 9 7 0 4 1 2 4 *